Taipei 2015

DIY創意嘉年華

聚集所有創意與動手做達人的DIY嘉年華

結合作品展示、DIY體驗、創作分享

全家一同來體驗動手做的樂趣與驚奇

5/30（六）－5/31（日）

華山1914文創園區

東2館、東3館、中4B、藝術大街

主辦單位：**Make:Taiwan** 財團法人資訊工業策進會 INSTITUTE FOR INFORMATION INDUSTRY　媒體協辦：TechOrange 科技報橘　e科技 www.techlife.com.tw

協辦單位：華山1914 Huashan1914·Creative Park　FUTUREWARD　MAKERBAR TAIPEI 　Pinkoi　國立臺灣科學教育館 National Taiwan Science Education Center　flyingV

CONTENTS

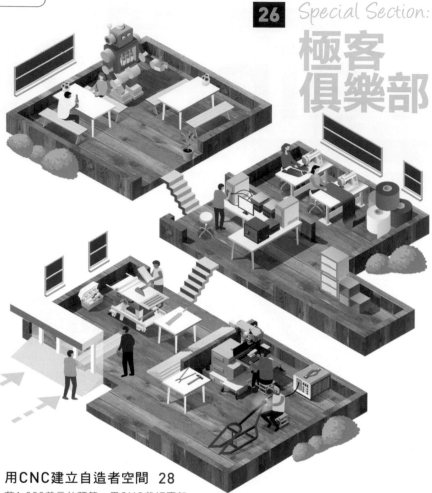

PHOTONICS FESTIVAL in TAIWAN
台北國際光電週 系列活動
www.optotaiwan.com

June 16-18, 2015

TWTC Nangang Exhibition Hall
台北世貿南港展覽館

台灣第一個3D列印國際展會

3D Printing

3D列印專區將引爆新亮點

展示最夯最具魅力的3D列印技術

帶您窺探未來「人人製造」的築夢世界產業

Organizer

光電科技工業協進會
Photonics Industry & Technology Development Association
10093台北市羅斯福路二段九號五樓
5F, No.9, Sec.2, Roosevelt Road, Taipei 10093, Taiwan
Tel : +886-2-2396-7780 Fax : +886-2-2341-4559

【 Overseas contact 】
Jason Cheng (ext. 253) E-mail : jason.cheng@mail.pida.org.tw
Pamela Hsiao (ext. 805) E-mail : exhibit@mail.pida.org.tw
【 台灣地區 】
黃小姐 (ext. 201) E-mail : iris@mail.pida.org.tw

INTERNATIONAL EDITION
OPTOLINK _"Taiwan Photonics Trend and More"_ http://www.pida.org.tw/OLIE

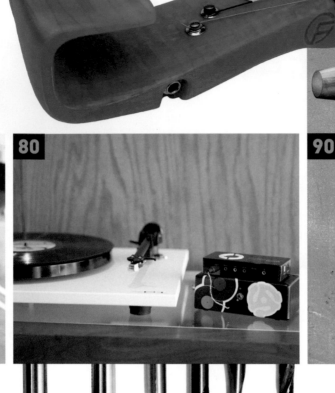

SKILL BUILDERS

PROJECTS

TOOLBOX

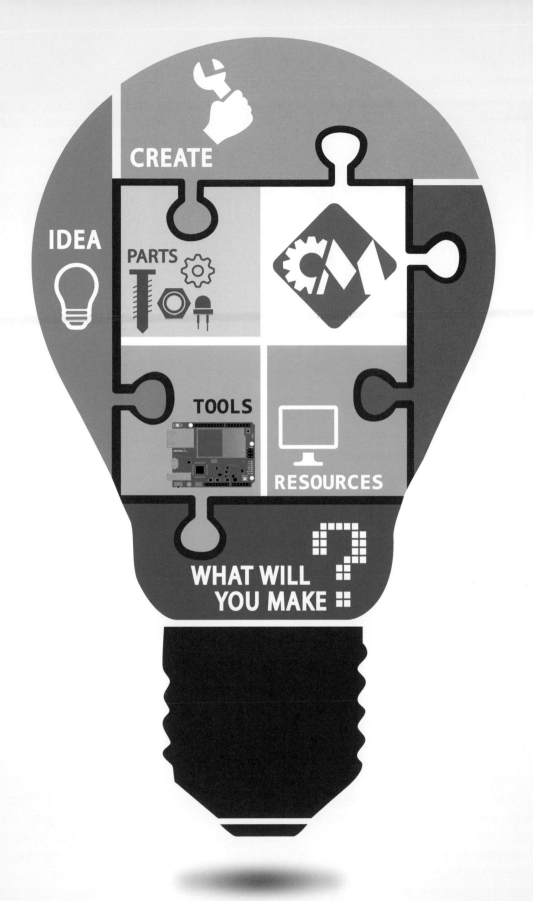

公司地址：台北市中正區博愛路76號8樓
服務專線：(02) 2312-2368
官方網站：www.chung-mei.biz
FB粉絲團：www.facebook.com/chungmei.info

文：戴爾・多爾蒂
Maker Media 的創辦人
兼執行長
譯：謝孟璇

暖身中的自造者空間
Makerspaces Are Working Out

「**跟健身房一樣，只要是會員，就能使用裡面的設備。**」這是 TechShop 最初成立的構想，創辦人吉姆・牛頓（Jim Newton）在2006年4月首屆 Maker Faire 上對我解釋道。他問我能否提供一張桌子讓他掛標誌、向大家宣傳他的理念，看是否有人感興趣。事實上，我之所以答應，是因為當時的他居然開著一輛古董級的軍車來到現場。這種志在改造的熱血態度，使吉姆的構想順利獲得金援，並於2006年10月在加州門洛帕克（Menlo Park）的工業區公園裡成功創辦了首間 TechShop。

幾乎一開始，TechShop 就成為天堂——不只是吉姆的，也是所有會員的——只要繳交一筆合理的月費，便能隨時使用這個自造工作室中的設備，以及數位加工需要的新工具，例如雷射切割機與3D印表機。

大家都到 TechShop 來做些什麼呢？有些是自造者團體，他們已經有清楚的構想，把專題帶來這裡完成。通常那些專題有比較實際或商業的運用，而他們需要空間將這些點子發展成更具體的東西。

其他的人可能還沒什麼特定的計劃或目的，他們只是想學習工具的使用方法，未來哪天可能可以派上用場。大衛・朗（David Lang）就是這種人，他還寫了一本記錄自己經驗的書《自造新手》（Zero to Maker）。

也有人試著落實 TechShop 的理念。我就在中國深圳看過 TechSpace。還有其他與 TechShop 相似、但屬於在地獨立經營的空間，像是在密西根安娜堡的 Maker Works。

圭・卡瓦爾康蒂（Gui Cavalcanti）在2004年時也嘗試創辦類似的自造工作室，但並未成功，他以當時的失敗為借鏡，思考新的模式，打造出另一個成功案例，也就是如今位於麻薩諸塞州薩默維爾（Somerville）的 Artisan's Asylum。所使用的空間前身是占地24,000平方英呎的信封工廠。當時，開張及裝潢的預算是4萬美元。大多數工具都是二手的，來自會員的捐贈，或是工地移除機器、淘汰零件時，權充移除費用而收留下來。Artisan's Asylumy 最成功的地方，就是為會員們打造出一個社群，讓他們租用，而且這個環境不僅能從事個人工作，甚至能像傑若米・里夫金（Jeremy Rifkin）的著述《零邊際成本社會》（The Zero Marginal Cost Society）裡說的，成為某種「協作空間」。

還有為數不少看起來像俱樂部的駭客空間，其絕大多數都是由志願者經營。有些僅限會員參與，有些則免費開放給大眾使用，舊金山的 Noisebridge 就屬後者。另外，某些駭客空間，看起來有如裝滿廢五金寶藏的古怪車庫，似乎等著有緣人來大刀闊斧地整頓。總之，儘管把駭客空間想像成一個可聚會的工作場所就對了。

Artisan's Asylum 這種自造者空間規模，介於大規模的 TechShop 與小規模的駭客空間，它也代表了我所謂的中介層的出現，同時彰顯自造者空間正邁向專業化的趨勢。也就是說，他們勢必有能力運作一套核心服務，支援會員成長。自造者空間也要能展開雙臂歡迎新會員加入，提供基礎的安全訓練，就算會員手上還沒有任何製作專題，依舊能使用空間。

的確，把自造者空間比喻成健身房很容易讓人理解。現今的健身俱樂部，就是從好幾年前的健身房演變過來的。過去健身房的設計，只需要著重在滿足大量男性會員，及其健身需求即可，對新進會員或一般使用者並不特別友善。然而，隨著我們的文化愈來愈強調體魄與健康的重要性，上述情況逐漸改變，健身俱樂部變得更開放、更親切，不論女性使用者或男性會員，不論想認真健身或只是輕鬆運動，都一樣受歡迎，俱樂部的會員數因此直線攀升。這也是我們目前觀察到的：在志願者努力協助會員的情況下，自造者空間正經歷著類似的轉型。

其中一例，就是由尼爾・格申費爾德（Neil Gershenfeld）一手設計並打造的 Fab Labs，該工作室是在2004年於波士頓成立。格申費爾德的「位元和原子研究中心」（Center for Bits and Atoms），也被認為是最適合數位加工製造的設計研發實驗室，為我們必然要面對的科技未來，提供完備而極端先進的科技工具。不論是在哪一種領域裡，是自然科學博物館還是社區大學，Fab Lab 的成立與管理，都維持著自上而下的風格，這點傳承自他們的學術背景。除此以外，許多大學裡自造者空間的數目也逐漸在增加，像是在耶魯大學、喬治亞理工大學、凱斯西儲大學和南衛理公會大學等。這些空間都專門設計給他們的學生和他們的專題。

說穿了，不論你想怎麼稱呼它——是要叫 TechShop、自造者空間、駭客空間、或 Fab Lab——都可以。重點是，自造者們能在這裡開創新的構想、取得需要的工具、參與社群活動，甚至有良師益友陪伴左右。我們很期待更多在地的自造者空間成立，讓更多新創意隨之萌芽。⊘

Jeffrey Braverman

最信賴的電子零件購物網！

刺繡徽章/臂章
03100001

刺繡徽章/臂章
03100002

Arduino Uno Rev3
030500211

Arduino Starter Kit
030500215

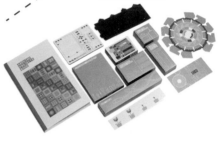

防靜電專業焊接墊
040100398

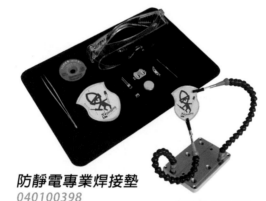

焊接小幫手
030600455

DIY Gamer Kit from
Technology Will Save Us
031000117

littleBits cloudBit Starter Kit
030400087

3.5" 480x320 TFT觸控
螢幕 for Raspberry pi
031000169

iCShopping

電子零件購物網
www.iCShop.com

TEL +886-7-5564686
FAX +886-7-5564702
客服信箱 info@icshop.com.tw
813 高雄市左營區博愛二路204號8樓之1

捍衛維修的權力
Right to Repair

守護維修權，
讓身邊物件真正屬於你。

文：凱爾·威恩斯
圖：吉姆·柏客·譯：謝孟璇

如果我的手機是個人的話，她會是個生化女戰士。她的機身早就壞透，被我修理過不曉得多少次；她的大腦也歷經過重造、修整與改良。

過去這3年，我的iPhone 4S已被我成功越獄破解，且改裝到家庭自動化系統上。原本Apple官方核准的玻璃背板被我換成另一塊透明板。我的iPhone還曾經泡在水裡、被拆解、徹底清潔（而且是兩次）。多虧自由軟體Cydia商店所提供的一款手機應用程式，我能用Apple根本不允許的方式追蹤電池效能。我還曾無數次地把電池撬開來，加以替換。

它是一臺根本不會掛點的手機——只要有我在的一天就不會。

10年前，我開始經營iFixit這個全世界通用的免費線上維修網站。我們的目標是讓每個人都知道如何修理他們手邊的物件——無論是筆記型電腦、滑雪板、玩具或衣服。我們不是唯一這麼做的人。iFixit只是全世界熱衷物件維修者的一份子。這些夥伴全都齊心致志，讓身邊的物件長命百歲，永遠陪在我們身邊。

從表面看，維修者與自造者的精神似乎背道而馳。自造者把東西組裝在一起，而維修者卻忙著拆解它們。這一陣營製造新的小玩意兒，另一陣營則維護舊有的東西。但我總認為，這兩者本質上非常相似，只是各屬於硬幣的正反兩面。

我們所有人，都是東敲西打的工匠，但是受了同樣的理念所驅使：那就是取之不竭的好奇心、對手製成品讚賞不已、眷戀著木屑的氣味，同時願意永無止盡地追求對周遭事物的了解與知識。

做為工匠，我們不只是消費者，還直接參與了物件製作的過程，並且擁有它、維修它。然而，過去幾年，我發現這樣參與式的角色——修補由其他人製造的產品——使得自造者及維修者與製造商之間的關係產生衝突（例如，Apple 絕對不會支持我的生化iPhone）。某程度來說，製造商最想要的，其實是我們放下手中的螺絲起子，乖乖回到零售商店裡排隊。

揭露機器內部祕密（且陶醉其中）的同時，工匠們踩了製造商認為一般人不該踩的線，我們改編了他們寫的程式碼，重建他們設計的硬體，且想辦法修理舊的東西、而不是入手新產品。

過去20年來，製造商始終暗地裡進行著與工匠的戰爭。他們引用加密的DRM（數位版權管理），空洞地宣稱擁有智慧財產權，援引DMCA（數位千禧年著作權法）提出下架通知，並祭出某些法律威脅，限制人們修理家裡的牽引機、Apple產品，甚至改造計算機裡面的軟體。Keurig膠囊咖啡機公司甚至在咖啡膠囊上加上晶片，以免在自家使用的人「另行裝載」其他品牌的咖啡膠囊。

這一年多來，已經有多達114,000人到美國白宮請願網站「We the People」連署請願，希望讓手機解碼一事合法化，但是，儘管有像是「電子前線基金會」（Electronic Frontier Foundation）這類的數位權利團體不斷遊說，至今，轉換不同電信業者依舊是違法的。

即使是汽車工業——古董車風潮再興後，這一直是工匠心目中的維修聖地——也對這種閉鎖政策俯首稱臣。現在，車子彷彿不再靠著螺帽與螺釘等零件做成，而是靠程式碼寫成的。想在引擎蓋下敲打，得先取得服務資訊與系統圖才可以，而這些卻都是汽車製造商不願公開分享的資訊。麻州的投票人還必須通過特定法令，才能強迫汽車業者把他們內部的維修手冊、電路圖、與程式代碼，分享給自營的維修商家與店主。

我認為如果你買入某種產品，就代表你能擁有它，我是說「真正」的擁有。

意思是說，你擁有了它的權利，能把它拆開、改裝、維修，更改程式碼，或者把它掛到你自創絕技的Arduino系統下。

但是現在，若想行使維修的權利，你卻得挺身而戰才行。你得為改造與製造的權利奮鬥，為維修的權利奮鬥，為你真正擁有某種物件的權利奮鬥。

我們活在一個嶄新的數位世界裡，該是我們加入時代、加入科利·多克托羅（Cory Doctorow）（資訊自由化、開放版權、知識共享等觀念的倡議者）陣容的時候了，也該是時候加入解放硬體運動自造者的行列。如同科利所言：「重點不在資訊是否免費，而是在於人們是否擁有自由。」◉

凱爾·威恩斯
Kyle Wiens
是iFixit（ifixit.org）免費線上維修手冊的共同創辦人，iFixit這個開放原始碼社群教導了數百萬計的人如何維修物件，範例從iPhone到Volvos都有。

與孩童一起動手做的7大要件
7 Cornerstones of Making with Kids

聽聽MakerKids慷慨解囊，分享他們成功的祕訣。 文：珍妮佛·托利耶克、安迪·佛瑞斯特 譯：謝孟璇

我們是位於多倫多的MakerKids，這全世界唯一僅有專為孩子打造的自造者空間；因此很多人邀請我們分享成功的祕訣。我們認為，它就像是一桌早午餐——有非常多作法與配方，能讓它變得美味可口。各位不妨取用適合自己的部分，融入自己的作法中。我們也非常願意提供任何協助——因為我們很期待，未來全世界各處，都能紛紛開啟MakerKids的新篇章。

MakerKids

打造 MakerKids 的要件

1. 安排專屬的空間：即使只是一臺像樣的購物車，也會有效果；重點在於，當環境具有鼓舞人心的氣氛、能給人安全感，孩子便會放心、自由地在這裡發揮創意，而且能放膽超越平日自己被要求或被期待的標準，不必有所顧忌。

2. 提供真實的工具：所有我們提供的工具，與其他自造者空間裡大人們使用的工具沒有兩樣。年僅3歲的小孩也同樣使用真的電鑽、電鋸與烙鐵。孩子最常提出的問題就是：「你能幫我做這個嗎？你比我還會用。」我們的回答往往是：「你該試著自己來！這樣有一天你就會變得跟我一樣厲害。」與其直接動手幫他們，不如教導他們怎樣安全地、自在地使用工具，或尋求其他方式來達成目標。這麼做也能幫他們發展自信、責任感與領導能力。

3. 重視過程勝於結果：我們要提供的是價值體驗學習。我們看重的是他們正在自造的這個過程，而不是他們最終造出了什麼東西。重點不是讓他們回家時，手中能帶走一份閃亮的作品。我們也向孩子強調，失敗沒有關係——因為那正是學習的契機。

動手做時還有一個關鍵部分，那就是要自行研究該如何完成目標。與其告訴孩子分解步驟，不如鼓勵他們找出解決之道，像是請教其他孩子或上網找資料。每當有孩子問：「要怎麼做？」時，我們就答：「Google會告訴你！」

4. 讓興趣引導行動：儘量讓孩子發展自發的創意，自行決定想要的成果。如果我們規定他們該自造什麼、怎麼執行，他們往往會很快地喪失興趣。如果讓他們發揮自己原有的興趣，他們就會更有參與感。最近，有一群孩子對載具非常感興趣，因此他們設計好藍圖，打造出一臺氣墊飛船。製作的過程中，他們學到許多知識，像是3D列印（打造上升渦輪）、馬達、Arduino設計等。首次啟航時，飛船離地的嘗試失敗了，於是孩子們立刻著手改造裙部設計、減輕重量，並改良渦輪的氣流。

還有，我們舉辦的所有小活動，不論它有多短暫，都會試著融入某種創意，但是讓結論保持開放；簡言之，讓孩子自行創造就對了！

5. 與孩子教學相長：我們鼓勵孩子彼此分享知識，甚至也分享給他們的老師。師生比非常低的學習環境彌足可貴，因此不妨鼓勵所有人相互請益、互為師表。讓孩子當老師的作法也能讓他們更有自信。當一個新來的孩子問要怎樣掛上LED，而另一個孩子聞言便答：「我能示範給你看」的時候，就表示每個人都在成長著。

若孩子能勝任自造者與老師的角色，我們便會鼓勵他們，自願擔任班級助教。再下一步，就是鼓勵他們自行領導班級。

有時候，孩子知道的甚至比我們還多，尤其是那些他們極為熱衷的主題。我們有一個名為「Minecraft」的班級，那裡頭的孩子簡直媲美專家，連我們自己都不時向他們請教。所以記住，學著聆聽孩子的想法，讓他們成為我們的老師。

6. 成果發表：每個企劃課程到最後都會舉辦成果發表，邀請孩子的父母來參加，孩子們對此總是非常興奮。發表會讓他們有機會整理想法，並了解到一件事，即每個專題最後，你會需要向其他人解釋你的想法。此外，專題有個截止日期也是好事，讓他們能更專注地完成進度。

7. 透過社群借力使力：透過像是Maker Faire、在地社群活動、學校園遊會等活動，或者參與線上討論、與其他自造公司的夥伴們互動聯繫，都幫助我們與多倫多的社群，及全球自造社群連結起來。我們也與其他孩童組織合作——例如，我們曾與音樂課程的孩子合作，共同打造演奏用的道具。因此，不妨找出你的社群裡最熱情的自造者，幫助他們建立關係。

以上，就是我們如何讓專屬孩子的自造空間動起來的作法。我們很樂意協助各位的社群，打造孩子的自造空間。我們手邊，正在研發暑期營隊、課間與課後的各種課程。我們的諮詢智囊團包括有Maker Media 和 Arduino團隊的總營運長；同時，也正著手為Intel和3D Systems的客戶與贊助商等人，發展合適的課程。歡迎聯繫我們 info@makerkids.ca。●

珍妮佛·托利耶克
Jennifer Turliuk
與安迪·佛瑞斯特（Andy Forest）皆是MakerKids（makerkids.ca）的執行董事。

MADE ON EARTH

會噴火的
機械章魚

ELPULPOMECANICO.COM

　　這個獨一無二的頭足類機械動物高25英呎，是一隻由現成的材料與廢鐵製成的機械章魚，它的頭上有8隻眼睛，眼睛突出時，觸腳會噴出火焰。它是加州尤里卡藝術家鄧恩·法特摩（Duane Flatmo）的作品，身上的電子面板以及火焰效果則是由傑瑞·坤肯（Jerry Kunkel）製作。機械章魚原本是為了參加2011年燃燒人節（Burning Man Festival）所構想與製造的，不過它在2014年5月灣區的Maker Faire也驚豔許多觀眾。

　　法特摩是職業大型壁畫畫家，過去32年曾參與美國每年都會舉辦的動力雕塑賽（Kinetic Sculpture Race），這些經驗為製作機械章魚奠定了紮實的基礎。機械章魚的觸角主要是用55加侖鐵桶所製成，整體由廢五金打造，並用銀色的鋼及鋁裝飾。法特摩補充：「我與我們當地的阿克塔廢料廠（Arcata Scrap and Salvage）的邦妮（Bonnie）有良好的合作關係。」

　　使用460 V8引擎的加長型福特E系列廂型車當作底座，使得機械章魚可以到處移動。至於火焰的效果部分，整個機械章魚可容納200加侖的丙烷，法特摩表示：「如果不狂按噴火按鍵，這些燃料大概可以維持4小時。機械章魚其實是噴火裝置與打擊樂器的合體，你可以像彈奏樂器一樣操控它。」

　　　　　　　　　　　　——戈里·穆罕默迪

Jason Mongue

+ 更多鄧恩·法特摩的訪談，請看 www.makezine.com.tw/make2599131456/151。

Duane Flatmo

全電動樂高導航維修機器人

FLICKR.COM/PHOTOS/VMLN8R

這臺機器人由維瑪・帕特爾（Vimal Patel）製作，他的靈感來自星際大戰。利用坦克履帶來移動，頭可以旋轉，機械手臂可以在需要的時候伸出，不需要的時候折疊在背後。

這臺機器人使用了部分樂高Technic系列產品，還有Power Function動力系統，這對堅持用樂高官方零件組裝作品的樂高迷來說，的確是一個極具吸引力的特點。儘管有這些限制，來自紐西蘭下哈特（Lower Hutt）的帕特爾仍然完美捕捉了電影中機器人的精髓，他成功用630多個積木傳動桿、角度連接器，還有各種積木零件組合成機器人小小的身體，甚至包括一個轉動所有機關的複雜齒輪箱。機器人體內裝設有一些有趣的機關，例如摺疊式的第三隻腳，這是影迷在仿製導航維修機器人時常忽略的部分。

——約翰・白其多

✛ 想製作你自己的樂高導航維修機器人嗎？帕特爾很大方地分享了 Lego Digital Designer.LXF 檔案，你可以至 makezine.com/legobot/ 一窺他的製作方式。

Vimal Patel

你以大小來評斷我嗎？

FLICKR.COM/PHOTOS/PACOALLEN

在加州聖馬托的帕克·亞倫（Paco Allen）是一位了不起的爸爸，他花了3個月為他4歲的女兒打造出天行者路克在霍斯星時的裝扮，包括他身邊的咚咚獸（tauntaun）。亞倫因為「帝國大反擊」裝扮缺貨而感到扼腕，因此決定自己製作，他改裝了現有的產品和廢棄材料，成功創造出效果絕佳的作品。女兒一心想要的咚咚獸是最具挑戰性的部分，它的身體、脖子以及尾巴由硬紙管製成，頭部以報紙及膠帶製作。亞倫還

靈光一現，割下一個橡膠羊面具，切割後重新黏貼，讓鼻嘴部縮短然後臉部加寬，這樣眼睛部分就更像咚咚獸了。然後將臉部噴上漆，全身包上假皮毛，再加裝馬鞍，再將假腳穿上褲子，裡面塞棉花。至於騎咚咚時踢一下的效果，亞倫説：「腳接在臀部，所以『騎士』走路時，腳就會轉動。」

——戈里·穆罕默迪

裁木機器手臂

MAKEZINE.COM/RAUSCHER

　　請想像出一臺巨大的夾娃娃機，然後把機臺裡脆弱的機器手臂換成真實的電鋸，把填充玩偶換成待劈的木材。

　　蒙特婁的思想家兼自造者摩根・勞舍爾（Morgan Rauscher）就製作了一臺這樣的機器，名叫「藝術機器手」（Art-Bot）。他解釋：「我製作藝術機器手是為了嘗試用模控學理論來控制手臂。」吊掛在聚碳酸酯材質的聲偏轉箱內部的是一條8英呎長，以中古腳踏車零件製作、用Arduino控制的機器手臂。使用者用外部的遊戲機控制臺來操縱機器手臂。觸覺回饋系統可以讓使用者「感受」到機器手臂接觸切割物質。

　　機器手臂放置於令人印象深刻的玻璃窗裡只有2個月的時間，勞舍爾在裝設電鋸之前還思考了將其他工具裝設在機器手臂上的可能性。原來的構想是裝上斧頭跟電鋸，製造一種「強力的機械斧頭」的感覺，但斧頭切割的反作用力讓機器手臂無法對準，所以這個設計就失敗了。「基本上，用斧頭當手臂根本就是個糟糕的主意。」他開玩笑地說。

　　問到勞舍爾最喜歡大家對藝術機器手的哪種反應，他回答：「看著孩子們帶著期待的眼神排隊，還有他們發現自己也可以操作時，那種興奮的神情。」

　　　　　　　　　　　　　　　　　　　　　——蘿拉・科克倫

想看看更多勞舍爾的藝術機器人製作方法嗎？請上 makezine.com/artbot。

大前輪三輪車

CNCKING.COM

騎不下兒時騎的大前輪三輪車（Big Wheel）了嗎？只要用夾板製作一個成人尺寸的三輪車，就可以再度參加大前輪三輪車競賽了。

喬·坎丁（Jon Cantin）是澳洲帕斯（Perth）的自學設計師，熱衷於CNC製造技術。他把這個經典兒童玩具車等比放大，使其可以配合他的身形還有承受他的體重。他表示：「我希望這臺三輪車可以堅固實用，而且很酷！」作品成品約長5英呎、寬3英呎，沒有使用任何硬體零件，只有使用「一群牛那麼多」的牛蹄膠，就將從10英呎夾板上切割下來的237塊木片，全部拼裝在一起。

坎丁利用心算跟Autodesk軟體解決了設計上的問題，所以他一次就成功製作出三輪車。由於他的ShopBot Desktop CNC雕刻機能切的大小有限，所以大前輪必須要合併重疊許多木片才夠大。

在坎丁網站上有關於大前輪三輪車的系列文章，他有談到許多設計背後的想法、製造時面臨的挑戰，還有下次可改進的部分。該網站提供相關的付費專題和其他快速應用程式開發作品，也免費傳授一些CNC技巧和企業創意。

——格雷戈里·海斯

黑膠時鐘

WWW.FACEBOOK.COM/TIMETRAVELER1888

中正紀念堂、臺北101大樓、貓空纜車……講到臺北印象，這些著名景點就會躍於眼前。它們以許多不同的方式流傳至世界各地，為許多人所收藏。但你有沒有想過用「黑膠唱片」來記錄這些城市印象呢？「時光旅人1888」結合了黑膠唱片與雷射雕刻兩種不同時代的技術，並且融合不同文學與電影題材，製成獨樹一格的黑膠時鐘，賦予黑膠唱片新的生命與意義。

有設計背景的吳明鴻在2013年創辦了「時光旅人1888」。他平時有收集黑膠唱片的習慣，轉化了這種對舊物的眷戀，他將熟悉的雷射切割技術與設計專業結合，做出一個個具有藝術性的黑膠時鐘。有了固定的作品之後，吳明鴻也開始嘗試黑膠的更多可能性，例如採用不同的設計結構或結合其他媒材、設計雙層結構來增加立體感、嘗試與LED結合增加燈光效果等。

他的最新作品「冒險者」使用雙層的結構，結合了他所喜歡的太空人、《白鯨記》中的鯨魚、《楚門世界》中的門、《銀河鐵道之夜》的火車等元素，象徵了人類探索腦內小宇宙的渴望。而代表作品「Taipei臺北的印象」、集結臺灣特殊生物的「臺灣特有種」、巧富哲思童趣的「小王子」則兼具商業性質，深受大眾喜愛。

——劉盈孜

愛唱歌的樹
WWW.MUTIENLIAO.TW

只要觸碰白皙的葉片，就會發出聲響或是一段優美的旋律；你可以自己悠然起舞，倘佯在音樂中，也可以跟三五好友一同用自己的創意，在一大片白色的鐵管圍繞之下，創作出屬於你們的一段旋律。

這個由吳冠穎和他的團隊與風潮音樂合作所製作出的「愛唱歌的樹」是一個互動音樂樹，只要觸碰位於白色鐵管上的葉片，這棵「樹」就會發出不同的動物音階、音效聲與音樂，這些聲音來自臺灣特有種與臺南常見的生物鳴叫聲，或是風潮音樂的大自然音樂旋律。

這棵樹位於臺南十鼓仁糖文創園區內百年榕樹旁，使用大片的綠色背景和漆成白色的廠房常用鐵管，使人站在其下方更有被樹環繞的真實感，再加上音樂點綴，恍如置身於大自然中，而其中加入的互動功能，也更添樂趣。

——黃渝婷

+ 看更多「愛唱歌的樹」相關資訊 www.mutienliao.com。

大膽設計
Audacious
孩子的工具、技能與自信。
by Design

訪問：賽特·霍爾布魯克
攝影：傑弗瑞·布雷弗曼
譯：謝孟璇

賽特·霍爾布魯克
Stett Holbrook
是在加州聖羅莎發行的另類週刊《波西米亞人》（Bohemian）的編輯；他也曾任Maker Media的資深編輯。

柏克萊加州大學（University of California, Berkeley）的「H企劃」為中小學教育（K-12）開啟了全新的未來之窗。教育未來若要談什麼前景，就應該要像這樣。不過，可別誤以為它只是一門「手工藝課程」。

建築師愛蜜莉·皮洛登（Emily Pilloton）之所以成立「H企劃」（Project H），是因為她想善用自身的專業技巧，做出更有意義的事。這份動機逐漸演變成教育使命，希望藉此企劃，讓孩子們有手腦並用的機會，從中探索自己潛藏的能

力。故「H企劃」的課程目的，就是要孩子運用「創意力、設計力、手作力，以強化年輕學子的天生本領，轉化社群，並從中改善公立K-12的教育內容。」

「H企劃」因為與柏克萊大學先修「REALM特許學校」（REALM charter school）有獨特的夥伴關係，因此能提供設計與製造課程——名為「H工作室」（Studio H）——給中學生與高中生。皮洛登希望，學生自學習使用懸臂鋸、雷射切割器，以及焊接火炬的過程中，所產生的自信

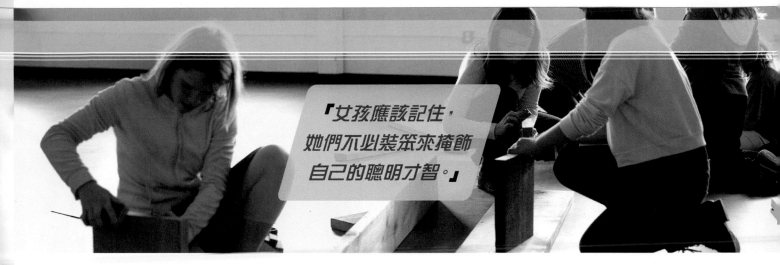

「女孩應該記住，
她們不必裝笨來掩飾
自己的聰明才智。」

與知識，能化為另一股轉變的力量，改變學生的生命與社區。她也一馬當先地為女孩們成立了「H營隊」。

我們訪問了皮洛登她這個「H企劃」（人文、快樂、健康與在地環境）及內容細節。

什麼是「H企劃」？

「H企劃」是我在2008年時成立的非營利設計組織。成立當時其實根基於一個鬆散的想法，即設計的目的，是要讓人們生活過得更好；更確切地說，設計的任務是大膽創新。它可以針對社會議題來發揮，可以用有意義的方式激勵年輕人——無論是從學校體制內或體制外——而且幫助年輕人用以往看似不可能的方式，實踐想法。

紀錄片《如果你將它建好》（If You Build It）特別介紹了「H企劃」在北卡羅萊納州的實作經驗，可以請妳簡述一下嗎？

2009年我們接到來自北卡格林維爾（Greenville）一位學校校長，齊普·祖林格（Chip Zullinger）博士的行銷郵件。他見過我們名為「學習遊樂場」（Learning Landscape）的教育遊樂場系統。全世界大概有40座「學習遊樂場」，每座皆由回收輪胎製成，孩子可以在這個環境裡進行課程遊戲；因此，它是戶外遊樂場、是教室、也是中小學教育的動態空間。

祖林格博士在設計出版刊物上讀到這個遊樂場計劃，因此邀請我們把設計帶過去，為他破碎的校區多添些教育資源。那個校區，是全國學業表現最差的地方之一，他肩負著改善的重責大任，因此正尋求其他非傳統管道的資源——像是設計——企圖在社區中植入改變的新種籽，讓孩子與教師引頸期盼。

所以我們去到那兒了，在4天內，打造了4座學習遊樂場；我們驚喜地發現，祖林格博士可以說是一位叛逆的教育先鋒，他還提出一連串精采的企劃構想。總之長話短說，我們愛上了伯蒂郡（Bertie County），也非常高興能與祖林格博士合作。某程度而言，我們都覺得，非得把設計帶入教室不可，而且唯一能影響學區使用設計的方法，就是讓學生在這種環境中體驗學習。

妳與柏克萊大學先修「REALM特許學校」（REALM charter school）的夥伴關係又是怎麼開始的？

我們團隊逐漸明白，出於一大堆理由，伯蒂郡的企劃工作任期不會如預期般長久；而那段時間內我便與維多·迪亞茲（Victor Diaz）談過，他是「REALM（教育改革與學習運動）特許學校」的創辦人兼執行長。特許學校特別關注的是那些基於學習、創意與設計的企劃，他在我們一個共同朋友那兒聽說了「H企劃」，之後便與我聯繫。

我們知道REALM不只是凝聚我們想法的好地方，也能讓我們成長、茁壯、嘗試新法、實驗，看「H企劃」能發揮到什麼極致，進而有所突破。現在是我們執行REALM的第二年了，我們有8、9、10與11年級共216位學生。我們建造了學校圖書館，去年用貨櫃蓋了一間教室，甚至在全城各地布署了網格球頂——總之就是各種瘋狂的怪東西。我也開始舉辦專供4、5、6、7年級女孩參加的課後夏令營，名為「H營隊」。

對我們而言，能置身這個學區真的太棒了，我們可以實作自己的概念，看看在這種限制諸多、且學齡人口獨特的市區公立特許學校裡，成效會如何。

雖然我們是在柏克萊，但這裡多數的孩子來自里奇蒙（Richmond）與奧克蘭（Oakland），而且很多還不是以英語為母語的使用者。特殊教育學生的比例很高，我們想趁此機會，提供這些不太適合一般學校教育的孩子，更多元的學習素材。

妳過去有什麼特殊經驗，助妳走上創辦「H」企劃之路？

「H企劃」的誕生，是源於我個人對現狀的不滿，不願意總是在做一些對我自己也好、對他人也好，似乎毫無意義的事情。普遍說來，客戶與設計師的關係，經常是維繫在奢華、金錢與特權上，當然那不見得是壞事，但對我而言，見到一個孩子——或更精確講，見到一組設計建築——開始解決問題，或發揮了馬蓋先式的臨場智慧，於限制重重的條件下解決了困難，那一刻，是設計真正讓我為之雀躍的時刻。我喜歡環境受到限制——就算預算只有10美金，只有一手能動彈、雙眼被矇住、一無所有，都好，這些阻礙困頓中，總會有什麼美好能誕生。

我在一個極度富裕、幾乎全是白人的社區長大，而我自己做為有色人種，又身為女人，童年經常沒什麼歸屬感，甚至得刻意去證明自己的存在。因此我常透過一些體能或技術活動，像是建造、探索森林、參與競爭性的運動比賽，來突顯自己。

「H企劃」就是我對自己生涯不滿的延伸。我知道我得改變作法，但不曉得該怎麼做；又接著想，假如我能成立非營利組織，想辦法回應國稅局與加州州務卿，那麼也許我就能解決問題，無論如何，我也必須去解決這些問題。

這個企劃的贊助有哪些？

「H企劃」這一路是透過如七巧板複雜的私募基金不斷周轉，以及美國國家藝術基金會（National Endowment for the Arts）與某些公立基金的補助，還有企業贊助，與實物捐贈——諸如工具、材料與器材；以及以群眾募資為基礎、或以企劃為根本的小規模捐款，撐了過來。

「H企劃」與一般手工藝課程有何不同？

職業教育是源自行業的需求，源於要訓練出新世代、具有特殊職業技能的勞工力而起——例如水泥師傅與焊工等。不幸的是，很多社區中（我們在伯蒂郡就見到這種情況），職業學校變成了不想上大學的孩子才會選擇的路。像伯蒂郡，選擇職業學校的往往是非裔小孩，因此職業學校變成一個奇怪的支點，孩子被區分成學業表現較好、家境富裕、能上大學的孩子（經常是白人小孩），而其他孩子則只好進到這裡。至於課程內容，職業教育往往著重在技能訓練，而鮮少引導孩子批判思考我們需要這些技巧的理由。

「H工作室」的標語是「設計、建造、改變。」所以，雖然職業教育傳統上僅著重在「建造」的部份——才會不斷培養更多新的磚泥師傅——但我們更相信，孩子們應該建造由他們自己從頭設計的東西，也應該建造除了自己在乎以外、對社區也有意義的東西。

> 「職業教育往往著重在技能訓練，而鮮少引導孩子批判思考我們需要這些技巧的理由。」

換句話說，我從來不會交給小孩一份草圖，告訴他只要照著這個執行，就能造出一座鳥屋。我舉鳥屋為例，是因為我們曾在女孩專屬的營隊中設計鳥屋，但每個孩子畫出的設計藍圖卻截然不同；她們心中各自想著不同的鳥類，而且還考慮到未來置入社區花園中，是否能適應特定的生態系統。

當然，要教導這些技巧還是可行，只是要能對動手建造的人產生意義，然後也可以符合它所屬的社區特質。我認為手工藝課，包含「H工作室」，在未來，都應該逐漸與成績脫鉤，也與建造技巧分開來談，而且帶入更多意義、個人自主的意見、與社群的影響，總體而言，更認真看待我們手邊正在建造的東西、建造的理由、建造所為的目標對象，以及這個成品如何實現概念。這就是差異所在。另一個我想澄清的是，大多數人認為手工藝課牽涉的技術很少，像這裡用的是鑿子和鋸子。我們當然有這些傳統工具，學生也都知道如何使用這些最基本的手動工具，但我們也會提供高科技的雷射切割器，還有CNC技術；重點是用什麼其實無所謂。我不認為哪些工具一定比另一些來得重要。

我們做過雷射蝕刻的滑板，它必須用2萬磅重、約9071多公斤的千斤頂，重重壓過，而千斤頂是我們用鋼焊接出來的。那過程中，我們必須使用帶鋸機和桌鋸和車床來切割，然後再做雷射蝕刻；每個步驟裡，低科技與高科技工具的重要性，根本是不分高下的。

遇到那些認為孩子只是在學「藍領技能」的父母，妳怎麼與他們溝通？

我會問父母，「是嗎？真的只是如此嗎？」孩子可是剛剛才走入卡爾‧巴斯（Carl Bass）這位Autodesk執行長所開的商店裡，看見全國其他地方都沒有的CNC車床耶。我不認為這是單純的藍領技能。我認為我們正教給孩子一整套廣泛、提供想像力的技能，所以可能有一天他們一早醒來，突然動心起念，「我想製造一艘能飛往月亮的太空梭！」然後心想，「我看看，現在我會用

> 「要教導這些技巧還是可行，只是要能對動手建造的人產生意義。」

的工具有 50 種，至少我可以先嘗試這些行不行得通。」這不只是藍領技巧而已，還是能善用廣泛的工具來實踐構想的力量。

「H 企劃」如何讓女孩參與素來以男孩為主的活動？

「H 營隊」這個課後企劃以及女孩夏令營，我自己真的很在乎。對我而言這是一個很個人、很特別、甚至帶著親密感的任務；我始終記得十歲時的自己，那個始終覺得與周遭格格不入的小女孩，儘管數學這麼好、對很多事很擅長，卻仍覺得自己不屬於這裡，對自己什麼也做不了感覺挫敗。女孩應該記住，她們不必裝笨來掩飾自己的聰明才智。這也不是為了與男孩對抗，不過，一個十歲的女孩在夏令營結束時，能夠大聲地說：「我知道怎麼焊接了！」聽起來還是很厲害；周圍的男生只能瞠目結舌，「什麼？為什麼我們沒有學這個？」這畫面讓我很樂。

我覺得把女孩拉出男女合班的環境，進入只有女生的空間、解除四周的社交壓力時，她們總會很自然地採取完全不同的製造方式。不會有「喔，男生好像先來的」這種想法，反而，會二話不說地拿起焊接工具，毫不遲疑地動手。她們也會變得更有自信，最後，會把這股自信帶進其他層面裡。

因此，我也確實刻意避開一些很女性化的東西。我們不做什麼珠寶盒，也不會把電鑽漆成粉紅色。我不會給她們女孩版的工具箱。她們用的，就是其他高中生也都用的林肯電焊機（Lincoln Electric welder）。我想要她們了解到，自己與其他人一樣，都是平等的。

妳希望孩子從「H 企劃」學到些什麼？

我很希望每個孩子在企劃結束時，心想：「真不敢相信這是有可能的，真不敢相信我們做到了！」因為那種確定感、成就感與自信，能讓你相信，生命中沒有什麼不可能，一切都是有可能實現的！這年紀的孩子需要知道這件事。

我夏令營中的女孩們一旦學會焊接後，就會存有這樣的信念。這些不過年僅 9 歲的小女孩，已經能夠焊接且熔合金屬，她們會相信，「我剛剛可是靠自己熔合了一些金屬──所以千萬不要告訴我，有什麼事我做不到。」我對這樣的成果很欣慰。我喜歡看到孩子有點憤慨不平的模樣，但是是正向積極的那種憤慨。 ◐

+ 歡迎造訪 projecthdesign.org 網站查看「H 企劃」。

H 企劃在網站上分享教案與活動

網站上寫著，「我們希望藉由公開我們的學習成果、失敗經驗、適應過程與教學內容，創造出更透明、更沒有界線的教育與創意社群。」這裡列出一些範例。
可造訪 **PROJECTHDESIGN.ORG/TOOLBOX** 了解更多細節。

攀岩好手裝置
使用傳統的雕塑、塑模與石膏製法，依據人手的骨架，製作出可搭建在牆上的手撐裝置。

直角鳥屋
透過打造獨特的90 度角木工鳥屋，學習所有基礎木工工具。

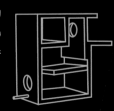

打造標誌
透過行動發展觀察的能力，練習團隊合作，強化歸屬感。

道格·諾爾斯
Dug North
擅長以木頭為主要創作材料，
打造能以手動機制呈現動態畫面的
雕塑品。他也是 Automata Blog
網站（AutomataBlog.com）的
站長，每一季負責寫與自造自動機
械有關的專欄，是大家公認這
領域的行家。

FROM CUBICLE TO CLOCK REPAIR

從上班族到鐘錶維修師

我如何放膽追隨自己的熱情。

文：道格·諾爾斯·攝影：夏儂·莫菲·譯：謝孟璇

身為自動機械的狂熱自造者，我之所以開始學習維修古董鐘錶，是因為這個方式似乎能讓我與歷史上自動機械自造的前輩們相互交流。沒想到，古董鐘錶維修後來竟然讓我告別朝九晚五的上班生活，成為現今的職業；當然，其中有幾個推波助瀾的因素。

縱身一躍前的準備

某方面來看，我其實已用了很長的時間為轉換跑道做準備。我有一些積蓄，蒐集了各種工具。我選修過不少與小企業、珠寶製作、機械工具，以及木材修復方法有關的課程。過去10幾年，也參加過一大堆全國手錶與鐘錶收藏協會（NAWCC）開設的課。

運氣的加持

最重要的一點還是在於，我真的很幸運。我剛好在一場古董展覽中認識了鮑伯·費許曼（Bob Frishman），他是麻州安多佛「鈴時鐘錶」（Bell-Time Clocks）的負責人。鮑伯已經蒐集、修理且販售鐘錶長達33年，至今依然活躍於鐘錶世界。認識了鮑伯後，有一天他問我，是否願意改吃鐘錶維修這碗飯。多虧鮑伯的引薦與指導，2013年7月我正式轉換跑道成功。我非常喜愛這份新工作。

自造的樂趣

一天結束時，如果我沒有具體看見自己製造或修復了什麼成果，便不覺得滿足。鐘錶維修包含了修復與自造兩部分，而且大多時候使用木頭與黃銅；這兩樣始終是我最喜愛的材料。

每日吸收新知

世界上的鐘錶種類繁多，隨時也會遇到各種不同問題；我唯一確知的一件事，就是自己永遠有學不完的東西。我很喜歡這樣，這樣每天我都會學到新知；有時問題的答案輕而易舉，有時，則得想破頭才弄明白。

讓值得尊敬的技藝後繼有人

今非昔比，現在這種時代已經沒有多少鐘錶維修師了，會教這項技藝的學校也不多。然而鐘錶仍是我們日常用品之一，如果沒人懂得照顧它們，我很擔心有天它們會凋零到永遠消失。我不敢說自己已經擁有卓越的技巧，或能有長久而傑出的職業生涯，但我對自己走入鐘錶修理師這歷史悠久的一行，感到很榮幸與自豪。

工具的部分

鐘錶修理需要的工具非常繁複、精巧、傳統古老、甚至神祕。這讓我很入迷。我最喜歡的是手邊的鐘錶車床；它正巧也是一件在麻州沃爾瑟姆（Waltham）附近打造的古董。

與周圍氣味相投

從我家走過兩條街，就是我的鐘錶修理店。首先先走上一條鵝卵石小徑、行經老式磚造大樓與老蒸汽火車頭、與一抬頭就能看見的大型鐘塔，接著再穿越曾為麻州洛威爾（Lowell）紡織廠發電的運河，就能抵達店面了。許多人認為這座城市是美國工業革命的搖籃，而且整個市中心地區，堪稱國家歷史公園。置身這個充滿舊機械的復古環境中，處處都是歷史痕跡，這讓我覺得工作得很有共鳴。

重新認識自動機械

我對鐘錶的初衷未有一絲動搖。最近，我再次研究一些古董鐘錶機械時，發覺自己甚至能用新的眼光來看待它們。現在我不僅清楚那些小巧古怪零件的名字，知道它們的用處，以及它們是怎麼製造出來的，更重要的是，我了解到為什麼鐘錶師具有獨一無二的資格製作這種彷彿有機、栩栩如生的機械。我要把所學到的一切，融入手邊的自動機械成品中。

顧客願意讓我維修他們的鐘錶

當你把汽車送往汽車修理廠時，往往不是出於自願；有時候，你是不得不把車子修好。這和鐘錶修復是截然不同的。鐘錶修復的顧客，總是斬釘截鐵地表示，希望能讓這只鐘錶再次活過來。不管是出於什麼理由，這枚複雜、精緻的機器，就是他們珍重的寶貝。也許因為它如此精巧、美麗，也許，因為那是祖母的遺物；也許以上這些理由皆成真。總之，每逢有人把如此珍貴的傳家寶託付到我手中，我總是倍感榮幸，我也很開心看到人們聽見塵封多年的鐘錶再次發出滴答聲後，臉上所浮現的驚喜與感動。 ◯

+ 想欣賞更多道格的作品，歡迎造訪 AutomataBlog.com 以及 ClockFix.com 網站。

一絲不苟的精密機器

METICULOUS MACHINES

高解析度CNC銑床的生產，所帶來的挑戰與收穫。

文：艾瑞克‧衛漢佛
攝影：傑弗瑞‧布雷弗曼
譯：謝孟璇

艾瑞克‧衛漢佛
Eric Weinhoffer

是「另類機械公司」（Other
Machine Co.）裡專門使用
大型機器來製造小機械的生產
工程師。不忙於製造的閒暇
時間，艾瑞克喜歡滑雪、
騎自行車與爬山。

今年3月中，開始在舊金山「另類機械公司」（Other Machine Co.）（以下簡稱OMC）工作前，我是先在Maker Shed網路商店待了近兩年，擔任產品研發工程師的職務。在那裡，我學到許多與電子商務有關的知識，像怎樣透過有效的零件採購，讓不同種類的產品問世，還有一旦上市後，要怎麼有效銷售。隨著對產品發展與管理日漸熟悉，我也懂得更多產品開發時需要的生產程序與程式設計。

在OMC這樣的新創公司裡工作，我獲益匪淺。而且特別開心的是，那個工作空間總讓我想起大學時期出入頻繁的機械工廠——到處都是比我聰明的傢伙，隨手自造的東西也讓人靈感泉湧。我搬到灣區，開始參與一直想多學一點的工作計劃：生產桌上型電腦數位控制（CNC）機器。

我們的主要產品「Othermill」，是重約7公斤的桌上型CNC銑床，專門為精確的工作用途所設計。3D印表機是從噴嘴吐出塑膠材料，不

斷累積的加法；但銑床正好相反，它用高速切割工具來移除材料。這個減法的過程，使得銑床在製造時能選用的材料比較多元，可以切割任何比切割工具質地軟的物體，製作所需的時間，也比3D印表機更短。

剛起步時，我以為自己在催生產品這部分已稱得上得心應手了，但我錯了。以前，看著產品頁面上的技術規格，我壓根沒想過，這些機器的運作是如何維持穩定的運作。我只是很單純地想，「喔，解析度可低至每英吋1/1,000。所以這臺機器能製作尺寸精確的零件耶。」你是否曾思考過，機器是如何在每一次開機運作時，都達到那樣的精確度呢？我是從來沒想過。

別掉以輕心

Othermill的框架，是最關鍵的組成部分；我們先在工廠內，用哈斯CNC修邊機把它做出來。由於銑床的整體外觀、手感與組裝時容易與否，都取決在高密度聚乙烯（HDPE）框架，

因此，我們格外小心地處理HDPE框架的每件庫存。理想狀況是，在最後加工時，框架仍能保持尺寸一致。不幸的是，突發狀況出現了。很久以前，我就知道的一個重點是，千萬不要相信塑膠材料商宣稱的產品耐重力——我們曾見收到尺寸不統一的框架，有的甚至落差達1/32英吋，這很嚴重，因為我們生產的機器有很多功能與深度有關。我們自己庫存時，甚至會用一張塑膠墊保護成疊的框架，防止工作室裡的灰塵或其他空氣懸浮粒子覆蓋其上；每件框架組裝到車床上時，也都一一擦拭過，以防萬一。

我們甚至在工作室的窗上裝了遮光面，以免陰涼的儲藏空間和早晨陽光的熱度，使材料因溫差而變形。目前沒以具體的事證顯示太陽是造成變形的罪魁禍首，但我們絲毫不敢掉以輕心。

嚴格控管品質

很快地我認清到，唯有嚴格看待細節，才能使機器每一次都確切地達到我們要的解析度。我立刻投身到品管（QC）的領域，鑽研能使品管完善的工具。我們使用針規——一種圓柱型鋼針，可精準測量直徑——來檢查自修邊機車床取下的框架，看看它最關鍵的功能部分，規格是否正確。我們也用數位測微器，檢查組裝機器的部位，看其規格大小能否吻合。直徑小至1/1,000英吋的偏差，若不靠像是針規這種品管工具，憑肉眼是看不出來的；而偏差會使零件磨損，不僅是一筆重大的損失，也很浪費時間成本，對我們這種新創公司，這點更是如此。

銑床中第二個關鍵零件，就是主軸的組件，那當中牽涉到軸承、軸，以及切割工具上高速旋轉馬達的精準度。主軸內部的軸承讓軸能自由旋轉，順利的話，應能完美地與車床垂直。但是組件上的任何小差錯，都可能讓軸承「跳動」（輕微擺動），使切割失去準度。我們想盡辦法克服這個問題，所以不只針對製造出來的每一件軸承，持續改良生產過程，同時也嘗試以不同的組裝方式來進行測試。

正因為任何組件的小問題都不允許，所以我們測試過各種黏著劑、各種時間設定，以及壓縮物件的負載力。一旦確信軸承的設計已盡善盡美了，每臺機器便正式登場測試，從它自己的鋁車床上，切一小塊下來，以此確保車床與軸承呈現完美的直角。我的工作最痛苦的部分，就是眼睜睜看到一臺已組裝完成的銑床、一臺我們嘔心瀝血製造的機器，竟然因為零件故障而無法通過品管檢測。也因此，控制零件的品質，真的是最關鍵的部分。

未雨綢繆與自動化

走入工作室幫忙製造，能幫助我對於大量生產時該採怎樣設計，有更清晰的概念，尤其是要生產的單位數量很大的時候。若

送入工廠生產了，還想要重新配置修邊機車床上某些零件的位置，或改變CAD的哪些設計，都有可能浪費分秒必爭的生產時間。在以出貨為優先的階段裡，每一秒都是舉足輕重的。

開始製造時就使用正確的零件也能節省時間。從組件中找到容易安裝的零件，確保長時間運作順利，那麼對我們往後產品推出後，所要面臨的客戶服務等種種問題，都會有莫大的影響。我最早期的任務之一，就是完成「極高速壽命測試」（HALT），為這套機器的下一代設計極限開關。極限開關的作用是告訴軟體哪一個軸已經運轉到極限了。為了完成這任務，我修改了現有的馬達組件，讓它能與新式極限開關合用，並寫了幾行簡單程式碼，使主軸組件持續且反覆地撞入開關裡，循環好幾百次，以確保它在如此嚴苛的環境下還能順利運作。我們希望Othermill能盡責地運轉，直到壽終正寢為止，也希望往後能靠著Raspberry Pi、感測器與網路攝影機，來監測它的狀態。

顯然，適當時候製造夾具且添加自動化功能，也是節省時間的好方法。所以舉例來說，與其在製造過程中加入螺栓來固定零件，我們寧可嘗試使用壓入配合的銷子，這樣只要短短幾秒鐘，零件就能自動定位。

隨時處於備戰狀態

無論先前多麼未雨綢繆，事情總會有出錯的時候。最近舊金山就出現罕見的雷雨，擊中了建築物，把我們最昂貴的機器——製造框架的哈斯CNC修邊機給打壞了。那一週半我們真的咬著牙，想方設法繼續完成下個版本Othermill的原型零件；我甚至從Othermill上切下一部分用來測試。如果你想拓展事業，那麼遇到這類不可避免的問題時，勢必要用更有創意的方式來尋找解方。

這段短短時間內，我所學到有關製造與設計高品質產品的相關知識，已比我過去一整年還多了。置身工作步調極快的環境裡，與小團隊們共事，開心之餘，也充滿了挑戰與樂趣。同時，我也從工作室裡最密切合作的兩位女性工程師同身上，學到很多工具使用技巧；這對一般工程師的工作氣氛而言，是耳目一新的轉變。

我們團隊依然不斷遇到挑戰，而挑戰一出現，我們就會著手打造或改良某些東西，加以解決；這種出自真實需求而自動自發的自造，是我至今最享受的部分。我個人對於生產高解析度產品所抱持的先入為主的觀念，已隨著這些挑戰的經驗而大幅轉變，進而現在，每看見那些大量製造的硬體設備所具有的穩定品質，我總是要獻上最崇高的敬意。 ◐

極客俱樂部

GEEK CLUB

插圖：張晶　譯：曾吉弘

重工具、大工程、知識支援——自造者空間幫你將作品升級。

從 TechShop 到 Fab Lab，各種類型的自造者空間在世界各地出現，幫助自造者增加經驗，建立互助網，將專題做得更大更好。

不論是什麼性質，自願幫忙或是專業服務、夥伴關係還是雇傭身分，抑或營利、非營利，自造者空間都提供了工具、課程及空間等資源，給沒有居家工作室或是想要有所突破的自造者來運用。

自造者空間兼具玩票工作坊、產品育成中心、R&D 實驗室、社區中心等功能，同時餵養和定義了不斷成長且不受地域限制的自造者世界。這些地方歡迎自造者，讓他們可以安心、舒適且自在地追求自己的創作目標。這裡不僅培養創新與創意，鼓勵學習，並且非常重視團隊關係。

接下來你會近距離觀察到幾個自造者空間，包括它們的功能和成長。你會看到它們使用的工具和製作出來的成品，讀完這篇文章之後，也許你也會想要拜訪週遭的自造者空間。歡迎來到極客俱樂部！

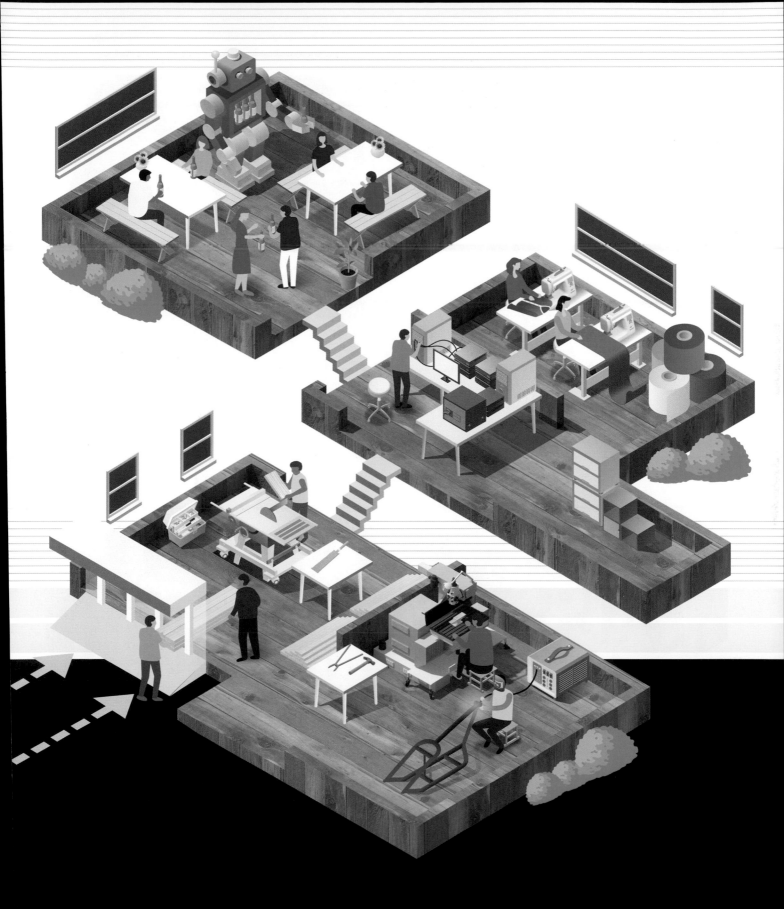

里克・施爾特
RICK SCHERTLE
（ schertle@yahoo.
com ）現在在美國加州
聖荷西的中學教書，也
是《 MAKE 》雜誌的
專欄作者。他創立了華
盛頓自造者工坊，也是
AirRocketWorks.com
的共同創辦人。他的小
孩和妻子都跟他一樣喜
歡在空中飛的東西。

蘭迪・唐納威
LENDY DUNAWAY
蘭迪熱愛設計與動手
做，他還蒐集相關的工
具、硬體還有各式機
器。寫了20年程式之
後，他在加州聖荷西設
立了一家小型工業設計
製作公司，並在當地成
立一間年輕自造者俱樂
部。

用CNC建立自造者空間

RAISE A CNC'ED MAKERSPACE SHED

文：里克・施爾特、蘭迪・唐納威　譯：曾吉弘

花1,000美元的預算，用CNC裁切鷹架，蓋一間寬敞、牢固、獨一無二的工作室。

我今年有一項大專題是在聖荷西的低房價區打造一個孩童專屬的自造者空間。建地上本來有一間小車庫，但我們需要更大的空間來開設課程，粗略估算，14'×16'（224平方英呎）的空間會比較理想。

我研究了一些能快速搭建的設計方案，但是沒有一個能完全符合我的需求。然後我突然想到自己的好友蘭迪・唐納威，他不僅參與了青年自造者計劃（ youngmakers.org ），還是位資深自造者。在藍迪的工作室裡，最特別的是一座具有

5'×10'機床的的CNC，可讓自造者利用少量剩餘木材，製作低成本的客製化建材。

　　我們設計與製造的成果就是它：CNC自造者小屋。這棟小屋足以讓16個人同時舒適地坐在工作桌前，還可以容納一扇8呎高的巨大捲門。在裡面製作專題時，還有自然光從透明的天頂灑落，現在我們愛怎麼使用這個空間都可以——不論需求是甚麼或是天候是如何都沒有問題。

1. 製作桁架與脊樑

1A. 從專題網頁（makezine.com/cnc-makerspace-shed）下載DXF圖檔，然後使用習慣的CAM軟體將之轉檔為工具路徑。然後用CNC路徑工具裁出10片 7/16" OSB桁架。每一片加上4片2×4的板子就能組成一片桁架。

注意： 如果沒有CNC路徑工具，可以用圓鋸機或是手鋸來切出這些零件。

1B. 根據這裡的裁接圖案切割2×4木板。

1C. 用黏接和螺栓的方式，將桁架和2×4木板交疊組裝成圖示形狀。根據DXF圖檔中的說明來鎖上1 5/8"的螺絲。

1D. 將桁架的邊緣磨平整，讓它們看起來質感更好。

1E. 到廢鐵廠找一些大型角鐵，切成40段6"的長度。只要是兩邊寬度大於2½的角鋼都可以使用。我們就找到一些不錯的2½"×3"鋁製角鐵。自行裁切可以省下不少錢呢。

1F. 測量並做記號。如圖所示，在角鐵的的兩側各鑽一對 11/32" 或 3/8" 的洞。孔位間距大略對齊DXF圖檔說明即可（畢竟每個人找到的角鐵不太一樣），不過所有孔位都必須像照鏡子一樣對稱，這樣在裝設支架時才能互相對齊。

2. 建造地基

2A. 在規劃好的範圍中放上12個基墩，並用水平儀校準。雷射水平儀在此很有幫助。視情況挖深一點或加入填隙木片來調整基墩高度，讓地基漂亮地保持在同一水平面上。

2B. 用2×6木材和直角支架在基墩上架出地基框架。用自動裝填釘槍來安裝直角支架超方便（因為螺釘會凸出表面，你就能清楚看到正確的鑽孔位置），不過也可以使用其他工具替代。

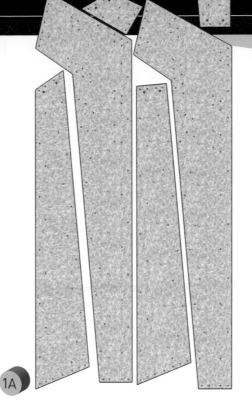

1A

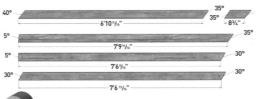

1B

1C

1E

時間：
幾個週末
成本：
850~1,500美元

材料

以下列出的材料花費849美元，不含門、屋頂及牆壁。

» 木材，2×4（外徑），8'（40）
» 木材，2×6（外徑），8'（30）；14'（3）；16'（4）
» 木材，2×10（外徑），16'
» OSB（定向粒片板），23/32"厚，4'×8'（8）
» OSB，7/16"厚，4'×8'（14）
» 水泥基墩，8"×8"×8"（18）：有木製上蓋。
» 直角支架，2×6（48）
» 木工膠水，1加侖
» 木工螺絲或匣板螺絲，1 5/8"，25磅
» 木工螺絲，3/8"×3"（32）
» 粗紋螺絲，5/16"×3 1/2"（40）
» 粗紋螺絲，5/16"×2 1/2"（16）
» 粗紋螺帽，5/16"（56）
» 墊圈，3/8"（144）
» 角鐵，鋁材或鋼材質皆可，請用2½"×2½"或再大一點的，總長20'
» 屋頂建材，塗牆材料，門板：規格自由選擇。

工具

» CNC切割機，4'×8'鋸床（非必要）：可用手鋸或機鋸代替。
» 鑽孔機及鑽頭：木材及金屬適用。
» 螺絲起子工具組
» 手提電動圓鋸：又稱圓鋸。
» 水平儀
» 自動裝填釘槍（非必要）
» 鎚子
» 木工夾
» 梯子

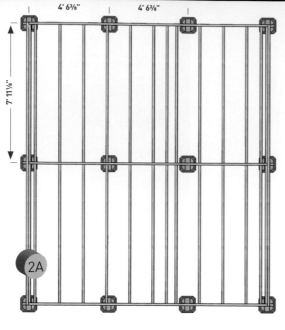

2A

7' 11⅛"

4' 6⅜"　4' 6⅜"

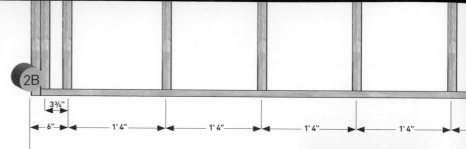

2B

3¾"

6"　1' 4"　1' 4"　1' 4"　1' 4"

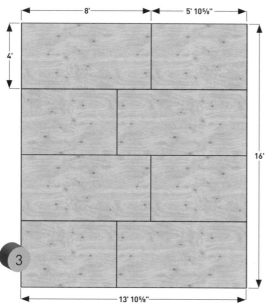

3

8'　5' 10⅝"

4'

16'

13' 10⅝"

4A

4A

3. 鋪上底板

3A. 將4塊²³/₃₂"的OSB板切成5'又10⅝"左右的大小。

3B. 然後將所有²³/₃₂"定向粒線板拴在地板架構的連接處，位置如圖所示。這裡我們使用1⅝"的螺絲。

4. 架起桁架

4A. 用3"木螺絲和墊圈把角鐵鎖上地基的連接處。我製作了一個與桁架同寬的夾板，它是用來確定角鐵間的距離皆相同。

4B. 在16'長的脊樑木材上畫出與地板角鐵相應的記號，這樣加上桁架時，桁架才會垂直於地板與脊樑。然後用3½"螺絲、螺帽和墊圈把剩下的角鐵拴上脊樑，兩側都要拴上，另外請注意1個螺絲要配上2個墊圈。

4C. 將所有桁架都做上記號，並打上略大一點的洞以對準角鐵的洞。接著立起桁架，用3½"的螺絲（或地基使用的2½"螺絲），依上下兩邊的角鐵記號拴上桁架。立起桁架需要其他人手幫忙，至少要有一個人在中間撐起脊樑。在對齊其他桁架時，我們先用木工夾暫時把對齊好的桁架固定在一起，這些動作有點難度，尤其在12'高的梯子上工作時。

先裝上前後尾端的2支桁架，接著中間2支，最後裝剩下的2支。

4B

4C

注意： 仔細挑選沒有變形的脊樑，在對齊桁架時會方便很多！

5. 完成骨架

所有桁架都栓好之後，在兩側底部水平裝上2片OSB板。用螺絲固定之前，先用水平儀確認桁架是否與底部垂直。合板應該會與工作室的長度（16'）完整對齊才對。

另外的2片OSB板（或合板）可加裝在骨架的兩側把整體結構都框起來。

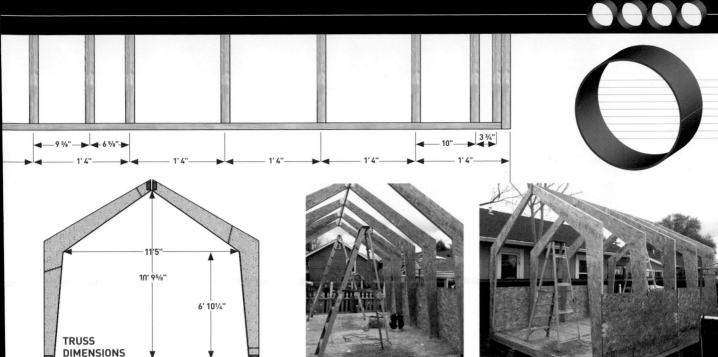

11'5"

10' 9⅝"

6' 10¼"

12' 7⅜"

13' 9¾"

9 ⅜"　6 ⅝"　1' 4"　1' 4"　1' 4"　1' 4"　1' 4"　10"　3 ¾"

6. 屋頂、門，以及窗戶

小屋的骨架完成了，但還無法遮風避雨。

為了要有自然光，我們在屋頂上加裝了透明塑膠板，結果一不小心就變成溫室，熱到受不了。最後我在陽光照射處放上隔熱棉，順利解決這個問題！

小屋兩端的框架與設計可以自由發揮。我們是裝上8'寬、7 ½' 高的鐵捲門，網路售價約5,000美元；另一頭則裝上兩扇寬4'高5'的巨大穀倉窗，天氣熱的時候可以打開通風。

7. 裝飾、完工

這些桁架方便我們加裝一些櫥櫃，我們打算在鐵捲門的對面那一側裝上置物櫥。現在空間裡面明亮又通風，是個非常舒適的工作環境。

我們還在工作室中央加裝了下拉式的電線和懸掛式的工作燈。目前我們使用的是折疊桌椅，希望之後可以升級成多功能的工作桌。另外還要添上一面大白板和大型LCD螢幕供簡報使用。

有千奇百怪的方法可以建造工作室，我們很期待看到你用CNC客製工作室的成果。

在 makezine.com/cnc-maker-space-shed 上有專題步驟和CNC圖檔，別忘了分享你完成的小屋！
主題標籤：#makeprojects

位於巴塞隆納的 fab lab house

FAB LAB 10歲了！

FAB LABS @ 10

文：FAB LAB 全球網路成員　譯：曾吉弘

（幾乎）做遍所有東西的10年。

FAB LAB 是整合地區工作坊的全球社群，它提供取得工具的資訊以及數位製造教學，讓各種創意成真。FAB LAB 的概念來自於 MIT 的一堂關於快速成型的課程：「MAS: 863——（幾乎）萬物皆可做」。課堂上介紹了自造所需的數位製造工具，而學生們對自己動手做的強烈需求造成了 Fab Lab 的風行。2001 年，美國國家科學基金會正式設立第一間 Fab Lab，做為與教育相關的延伸計劃。

你可以回顧一下《MAKE》雜誌英文版創刊號中的故事，我們會看到 Fab Lab 網路團隊們如何在全球擴張到 250 個工作室，以及它們的起源與目標。

開放以及合作

Fab Lab 讓一般人得以接觸原本只有特殊職業才能取得的專業工具、技術以及知識。如今一個自造者可以參與各種數位製造，如電腦輔助設計、電子設計、製作、程式設計、加工、開模以及更多。Fab Lab 開放分享集體智慧，透過交流而來的核心能力資源，讓世界各地的工作室都能取得自造者與專題資訊。

大約在 2005 年，我在《MAKE》雜誌英文版創刊號讀到一篇關於 Fab Lab 的文章。當時我的反應是：「哇！沒想到一臺數位切紙機要

「Fluxamaphonic」。
由艾略特·克萊普
（Elliot Clapp）所製作的電腦
運算 FM 合成器之實體介面。

Elliot Clapp

價不到2千美元！」然後我們馬上買了一臺並在AS220（普羅旺斯的一間社區藝術中心）製作藝術展所需的招牌。10年後，A220工作室變成一間提供數位製造的工作室，以及Fab Academy課程的教學地點（請見p35），並已營運5年之久。Fab Lab的眾多成就，來自於它不變的堅持；認真的態度，以及擁抱混亂的思考方式。

—— 尚恩·瓦歷士（SHAWN WALLACE）
AS220工作室主持人。他是《開始玩Raspberry Pi》（Getting Started with Raspberry Pi）共同作者、藝術家，以及程式設計師。

自造未來

當我第一次在《MAKE》雜誌上介紹Fab Lab時，我未曾想過它們會有如此爆炸性的成長。「自造」這個詞彙從動詞變成名詞，又變成一種運動。而Fab Lab自此開始快速地擴張，變成數百個工作室串連起來的巨大網路。

總地來說，在我認為簡單與困難的事物兩者間有某種逆向關係。《星艦迷航記》的複製人研究路線發展地相當順利。從電腦控制機器，到讓機器去控制別的機器編寫其他能以程式控制的物體。但最難的是擁有相對應的組織能力。

Fab Lab的技術目標是藉由產生新的Fab Lab（Fab Lab 2.0，見下頁）來淘汰自己。它們真正留下的，反而比較可能在於像.org、.com、.edu等為協助它們而出現的社群系統。這種個人化製造的現象挑戰了教育、產業、建設、救助與藝術等領域彼此之間的界線。這是一個歷史性的時刻，正如當年的網際網路刺激了新組織在建立與連接網路上的創新。同樣重要的是，能夠將數據轉換為實體，以及將實體轉換為數據的能力也拋出了一個Fab Lab正在幫忙解答的問題：如果我們可以自己製作（幾乎）世界上的所有東西，我們將會如何生活、工作和娛樂呢？

—— 尼爾·格申斐德（NEIL GERSHENFELD）
Fab Lab的創始人，麻省理工學院位元與原子研究中心和Fab Academy課程的主持人。他也是《Fab：當事物開始思考》（Fab, When Things Start To Think）、《數學模型的本質》（The Nature of Mathematical Modeling），以及《資訊科技的實體性》（The Physics of Information Technology）的作者。

自造城市

2001年，巴塞隆納的建築教育與研究機構（IAAC）和MIT開始共同研究資訊科技對家庭與城市的未來影響。我們想要讓巴塞隆納成為一個能在世界上自給自足的城市，利用回收材料製作所有我們需要的資源（物品、能源與食物）。

於AS220的製造/印刷課程中製作的雷射切割木版印刷。

日本鐮倉的Fab Lab，由老舊的清酒倉庫改建而成。

巴塞隆納Fab Lab為了十項全能綠色建築競賽（Solar Decathlon Europe uses）所製作的Fab House，特別使用了擬人、能根據氣候調節參數的設計。

設立巴塞隆納Fab Lab是我們讓新創中產階級興起的第一步。我們規劃了一個都會藍圖，所有市民在其中都能運用數位製造技術將知識直接轉化為實物。

現在我在巴塞隆納市議會工作，在這裡，有一群新興政治家正在把Fab Lab的版圖擴大為一座自給自足的自造城市。

—— 文森·瓜拉特（VICENTE GUALLART）
巴塞隆納市議會的首席建築師、建築教育與研究機構以及巴塞隆納Fab Lab的創始者。他也是《自足城市》（The Self-Sufficient City）與《地理邏輯》（Geologics）的作者。

成立一間Fab Lab必須取得課程專題所需的正確工具。目前建議的成本花費為：設備大約是50,000美元，材料大約為10,000美元。其中必須包含：

» 一臺壓配式組裝的雷射切割機。

» 一臺 4'×8' 的 CNC 切割機，用來製作大型結構物件，如家具及複合模具。

» 一臺標誌切割機，用來製作彈性的銅質電路，天線以及印刷電路遮罩。

» 一臺精密銑床（精度須達微米），用以製作3D 模具及表面安裝電路板。

» 用於低成本的高速嵌入式處理器的程式開發工具。

» 3D 掃描機及 3D 印表機。

» 可以執行任何 Fab Lab 機具的特製軟體（見 p36〈將程式碼轉變成實體〉）

詳情請上 makezine.com/go/about-fablab。

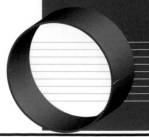

Elliot Clapp

Fab Lab Kamakura

Adria Goula © IAAC

Adria Goula © IAAC

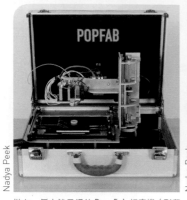

Nadya Peek

裝在一個小箱子裡的 Pop-Fab 打磨機／列印機／數位切紙機，由那迪亞·皮克（Nadya Peek）和依蘭·摩爾（Ilan Moyer）的作品。

強納森·沃德（Jonathan Ward）的「MTM 彈指鎖」，Othermill 工具機（http//:mtm.cba.mit.edu）的前身。

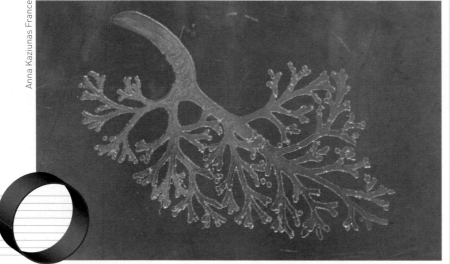

Anna Kaziunas France

「吾肺君心」。呂·海恩茲（Lu Heintz）的作品。以一幅手繪素描掃描，再用海斯塔克 CNC 切割機蝕刻於銅板上。接著以傳統金屬工藝技術使其成型、拋光與組合而成。

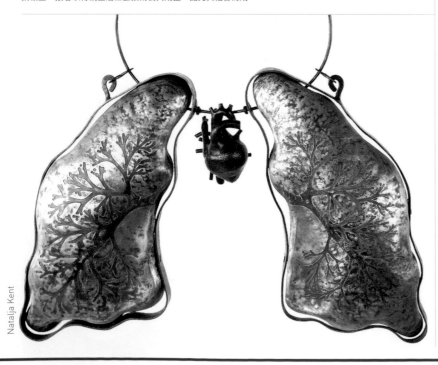

Natalja Kent

Fab 2.0：用於自造的機器

　　去某間 Fab Lab 使用各種數位製造工具聽起來很棒，但萬一你需要長期使用某件工具，或是加入某個現在還沒有的新功能時該怎麼辦？

　　從結果來看，現在 Fab Lab 設備的精確度已足以製造更多各樣的數位製造工具。其實有幾家公司就是以 Fab Lab 起家，例如 Ultimaler、Other Machine Co.、Formlabs 以及 Taktia。

　　為了讓在家裡生產「用於自造的機器」更加容易，我們正著手開發模組化的硬體、軟體（請參考 p34 頁的〈將程式碼轉變成實體〉）還有機具控制平臺。在不久後的未來，製作新自造工具的過程可能會變成簡單的三個步驟：用螺絲把標準元件拴在一起，再用 Fab-bus 控制系統把它們加入網路，然後選用一個可由網路瀏覽器來操作的介面。

──那迪雅·皮克（NADYA PEEK）
麻省理工學院位元與原子研究中心博士生，自造機器研發者（PopFab，MTMSnap）。

自造藝術

　　海斯塔克山工藝學校（Haystack Moun tain School of Crafts）開始參與 Fab Lab 社群，是從我在 2009 年前往拜訪尼爾·格申斐德，請他到我們的座談會上演講「自造的現在、過去與未來」開始的。當時我們試圖檢視人類如何使用科技技術，從最簡單的手工具到數位工業製造去創造。格申斐德帶來了小型 Fab Lab，讓座談參與者體驗如何使用電腦製作東西。雖然我們不是在教怎麼製作傳統工藝，我們的課程卻奠基於工藝的傳統──用雙手操作材料，以及深度了解材料的性質與潛能，包括陶土，金屬，纖維，木材和玻璃等。

　　格申斐德覺得介紹數位工具給海斯塔克山工藝學校，就像巴布·狄倫在紐波特玩電子樂一樣，主題過於新奇而讓觀者不能理解。許多參與者不能理解工藝／實體世界和數位世界的連結為何。對我們某些人來說，「用手製作」是很重要且必要的動作。而連結點其實在於，人類一直都是工具自造者，而數位工具就是一種新工具。工作的智慧在於如何使用新工具的知識、在製作過程中使用了什麼材料，以及如何運用材料的知識。我們的工作室嘗試了許多製作方法，也提醒了我們身為一個自造者所擁有的傳統與未來。

──史都華·凱斯特貝姆（STUART KESTENBAUM）
詩人以及緬因州海斯塔克山工藝學校主持人。

FAB10 年會於巴塞隆納

　　FAB10 是 Fab Lab 全球網路的第 10 屆國際座談會、研討會以及年度會議。Fab Lab 是一個屬於自造

者的開放創意社群，由各個年齡層的藝術家、科學家、工程師、教育工作者、學生、業餘者與專家組成。

今年度的會議召集了超過40個國家、250個工作室以上的自造者參與。活動內容包含了現場集體製作活動廠館、100個巴塞隆納自造者參與製作的展覽、Fab孩童課程以及許多占地達1,000平方公尺的「憑空出現」的製造設施。

這場包羅萬象的盛會主題是「從Fab Lab邁向自造城市」，因為巴塞隆納已經公布了它的施政藍圖，要以數位自造技術在接下來幾年內做到自給自足的目標。

——湯瑪士·迪亞茲（TOMAS DIEZ）
巴塞隆納Fab Lab主持人、FAB10巴塞隆納會議共同主席、「聰明市民」（Smart Citizen）的共同創辦人。

自造基金會

自造基金會是針對擴張、維持、服務全球性技術社群的一種實驗。其開始於2009年，當時藉由提供必要的連接觸媒，來支援各種不同文化並快速蓬勃發展的Fab Lab網路。

從那時起，我們便成為各個基金會的基金會，不但支援區域性的數個Fab在Fab Lab網路，也支援迅速擴大到跨洲際的工作室，提供各種領域如財務、保險、募資及技術調度等國際支援。近來我們的非營利行為贏得了雪佛蘭公司的1,000萬美元獎金，協助設立與支援全美的Fab工作室。

自造基金會同時也在申請通過美國國立自造工作室網路行動的聯邦特許法令，目前正在議會審查階段。

——雪莉·菈希特（SHERRY LASSITER）
自造基金會主持人、位元與原子研究中心計劃經理。

FAB ACADEMY

與MIT快速成型課程「MAS：863—（幾乎）萬物皆可做」系列課程相當類似，Fab Academy課程藉由獨特、分散式的數位製作實做課程來提供更進一步的技術指導。

格申斐德教授在高互動性的雙向平臺上提供了國際性課程，讓專家可在網路上指導地區的自造學生團體。學位取得的標準在於學生在進行各類技術專題時所記錄的文件資料，而非上課時數或是學分多寡。

如果你覺得一個能挑戰精神極限且為期19週的馬拉松式課程能讓你與夥伴們在Fab Lab裡盡可能地——嘗試所有數位製造方式以及電路原型開發流程很有趣（真的！），你可以在fabacademy.org上找到離你最近的Fab Lab，明年春天就加入我們吧。

——安娜·卡西烏納·法蘭斯（ANNA KAZIUNAS FRANCE）
Fab Academy課程院長、Maker Media數位製造編輯。

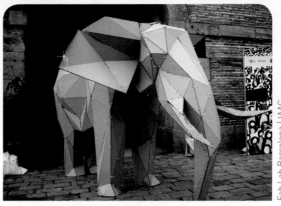

「Elefab」。用拉鍊來固定的3D瓦愣紙拼裝大象，製於Fab孩童工作坊。
Fab Lab Barcelona | IAAC

開放式蜂巢。約翰·里斯（John Rees）2013 Fab Academy 期末專題作品。與OKNO安娜米·瑪耶茲（Annemie Maes）和Green Fab Lab的強納森·米其（Jonathan Minchin）合作。
Open Source Beehives

「超棲地：世界重組」。2008年由葵拉建築事務所、IAAC、CBA及Bestiario學院之共同製作的複合規模物聯網棲地建置專題。
José Morraja © Guallart Architects, IAAC

自造時間表
Fab Lab 歷史的重要時刻

» **1998** 第一堂MIT課程：「MAS：863——（幾乎）萬物皆可做」

» **2001** Nat'l 科學基金會贊助成立早期Fab Lab延伸教育課程；創辦IAAC。

» **2002** 實驗性工作室：波士頓科學博物館，印度教育機構Vigyan Ashram。

» **2003** 第一間Fab Lab設立於波士頓，接著陸續在哥斯大黎加、挪威及迦納設立，後續成立的工作室多為獨資設立。

» **2005** Fab Lab 使用者團體會議「Fab1」；於挪威舉辦數位製作研討會「Fab2」。

» **2006** Fab3 於南非舉辦。

» **2007** 巴塞隆納 Fan Lab 成立；Fab4 於芝加哥舉辦。

» **2008** 超棲地：世界重組於威尼斯展出，AS220 工作室取得特許執照。

» **2009** 自造用途機具與工作室生產機器/Fab lab 2.0 計劃啟動；自造基金會成立。

» **2009** Fab Academy 課程計劃啟動；Fab5 於印度舉辦。

» **2010** Fab7 於荷蘭；Fab Lab 工作屋完工。

» **2011** Fab7 於秘魯；MTM Snap，海斯塔克工作室成立。

» **2013** S.1705：發表國家 Fab Lab 網路行動。

» **2013** Fab9 於日本；PopFab。

» **2014** Fab10 於巴塞隆納。

將程式碼轉變成實體

TURN CODES INTO THINGS

+SKILL BUILDER

文：麥特‧基特　譯：曾吉弘

Fab 音浪箱，使用製作模組中的舊版 Kokopelli 軟體設計而成。可播放一般 SD 記憶卡中的音樂，僅需一顆 9V 電池作為電力來源，製作的成本則在 100 美元以內。

麥特‧基特
Matt Keeter

原本在哈帷穆德學院研讀工程學，後來在麻省理工學院位元與原子研究中心（MIT Center for Bits and Atoms）取得理學碩士學位。他白天的工作是 FormLab 的電子工程師，其他時間則在製作各種特別的 CAD 系統與 DIY 電子裝置，除此之外還在 MIT 攀岩場當志工，並且在外頭參加搖擺舞團體。

Matt Keeter

以 PYTHON 腳本為基礎的免費開放原始碼 CAD 軟體——專為電腦輔助製造而生。

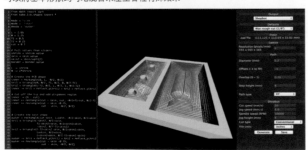

可以將基本形狀均勻地混合來產生各種特殊效果。

目前的話，kokopelli 的 CAM 路徑可以匯出給 Universal 及 Epilog 雷射切割機、Roland Modela 迷你鑽床、3 軸 /5 軸式的 Shopbot 系列機器，以及轉成一般常用的 G-code。有了模組化的工作流程，要導入新機具就簡單多了。

　　當我在 MIT 位元與原子研究中心攻讀碩士時針對電腦輔助設計，開發出 Kokopelli 和 Antimony 這套重要且密不可分的參數作業架構，並且也曾在自造學院及 MIT 自造課程中使用過。目前來說，Kokopelli 比較適合 2D/3D 建模與 PCB 電路板設計。它可以輸出 png、svgs 和 stls 檔案格式，並內建基本的 2、3 與 5 軸減法製造技術的 CAM 軟體。試圖成為 Kokopelli 接班人的 Antimony 則較具實驗性，目前正積極開發中。

和 OpenSCAD 一樣，卻內建了 CAM 軟體

　　這些工具是以一種少見的建模方式為基礎，運用數學式來表示各種物件，而不是以多邊形與邊緣組成（與 OpenSCAD 類似）。使用這種建模方式的好處是，可以製作出結構完整的實心幾何物件（例如聯集、交集、差集與融合）。而缺點則是要進行某些操作會比較麻煩（例如倒角）。

　　當你因為面對三角函數而開始緊張時，請不要驚慌！了解這些基礎能讓你更了解如何自行定義形狀與形變，但這並不需要特地深入探討。

你當然可以選擇使用標準的形狀函式庫來進行設計，但你也可以選擇其他使用者所製作的圖形化介面，如此一來便不會接觸到設計格式內部的數學算式。

處理器

在抽象化的末端有著一套使執行速度最佳化的C語言幾何引擎，當使用者於場景中移動攝影機時，它可支援動態網格重組技術，藉此呈現出高度圖和三角網格。

使設計者容易上手的 Python

不需要藉由繪圖或模型來設計Kokopelli中的物件，而是透過Python腳本來進行設計。許多設計師與創意程式玩家對Python都已經相當熟悉，因此學習起來並不會像其他特定的程式語言一樣困難。此外，使用者也可以挑選各種他們所喜歡的Python函式庫來使用。

使用者介面元件：除了滑桿，還有更多！

可藉由檢視面板上的滑桿與其他具互動性的使用者介面元件賦予模型參數化，這樣一來，老經驗的設計師就能設計更多可供新手修改的樣板。

Antimony

Antimony運用和Kokopelli同樣的基礎，不過它結合了Python腳本與圖形基礎的建構方式（類似於Rhino的Grasshopper外掛元件）。設計者可以將輸出與輸入連成圖形，用一組原始函數來表示各種動作。●

OPENSCAD與KOKOPELLI

程式	功能	編碼庫	檔案格式	內建CAM
OpenSCAD	結構性實心幾何物體與擠出成型的2D輪廓	以C++語言編寫的處理器與其他開放函式庫	輸出／輸入：DXF、STL和DFF	無
Kokopelli	2D/3D建模和PCB設計	以C語言編寫的處理器搭配Python的CAD函式庫	僅能輸出：.png、.svg與.stl檔	2/3/5軸減法製造技術

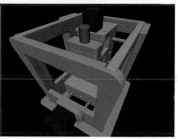

以布雷特·維克多（Brett Victor）的「Inventing on Principle」為基礎。左區為Python原始腳本，右區則是實際的模型，只要程式碼一修改便會馬上更新。

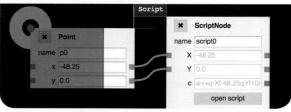

Antimony的腳本介面，可至github.com/mkeeter/antimony下載。

快速學會KOKOPELLI：參數式活動鉸鏈

文：安娜·卡西烏納·法蘭斯

這個Kokopelli活動鉸鏈範例內建有滑桿，方便你利用數位製作工具在有剛性的材料上設計出各種彈性結構。

Mac應用程式以及Mac/Linux的原始碼（兩者都可在github.com/mkeeter/kokopelli上找到），裡頭含有許多圖形化介面的範例。待你安裝完成之後，再用Kokopelli開啟「hinge.ko」檔案即可。

你可拉動滑桿來調整鉸鏈的外觀，然後拉動右上角的滑桿頭來調整零件的尺寸與厚度。

製作鉸鏈時，你要考慮到：材質、製作方法與所需彈性。較密集且細微的設計可以獲得比較好的彈性，但只能使用雷射切割來製造。如果你要使用CNC雕刻機，最小刻度便取決於手邊工具的精度。當你設定完成後，便可匯出檔案來進行製作。如果你使用的是fab lab裡的機具或一般的G-code機具，你只需直接透過Kokopelli匯出檔案就可以了。

你可以到makezine.com/go/kopelli參考更多kokopelli活動鉸鏈的製作技巧和變化。
主題標籤：#makeprojects

原始腳本由2014年的自造學院學生特倫斯·J·法甘（Terence J. Fagan）所設計，並由麥特·基特改良。日後安娜·卡茲烏納·法蘭斯又採用Kokopelli加以修改，做出一具紅色的壓克力檯燈。

美國最有趣的自造者空間
THE MOST INTERESTING MAKERSPACES IN AMERICA

譯：謝孟達

從東岸到西岸，
美國各地工作坊正在協助自造者創造出令人驚豔的計劃，
但其實自造者空間與其成員才是最值得注意的亮點。

有趣的自造者空間（Makerspace）要有哪些條件？ 不只是空間的大小、活躍成員的人數，也不是要有多屬害的工具，或是擁有一整組高階無線射頻辨識（RFID）系統。當然，這些都是條件之一，但關鍵在於自造者空間如何與自造者社群結合，提升並啟發所有的自造者。

本文彙整出橫跨美國、共34個我們特別關注的自造者空間：從活化老舊工業廠房，到提供最新工具科技的圖書館。當然美國境內還有數百家等待你去發掘。尋找你附近的自造者空間，或是自己成立一個，請上 makerspace.com 跟大家接軌吧。

Trammell Hudion

NYC RESISTOR
布魯克林，紐約
這個自造者空間的創辦者非常有名，其中一位就是布雷·沛提斯（Bre Pettis）。不僅如此，擁有豐富的廢料，能讓成員尋找想要的稀有料件也使得這個空間更具吸引力。這也是最初MakerBot原型的發源地。

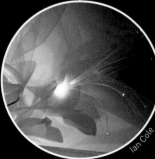

Ian Cole

FAMILAB
朗伍德，佛羅里達
此空間位置靠近奧蘭多，場地面積達4,000平方英呎，定期會有從世界各地前來交流構想、尋找靈感的訪客。FamiLAB也幫忙舉辦奧蘭多Maker Faire，以及販賣許多自造者工具。

Greg Richardson

7 HILLS
羅姆，喬治亞
這個自造者空間設在一棟歷史悠久的共濟會會所，擁有布滿壁畫的牆壁與天花板，這可說是最漂亮的休息或工作空間了。

Chad Elish

HACKPITTSBURGH
匹茲堡，費城
位於住宅區的一間車庫中，成員有發明家、藝術家、科學家、工程師……以及更多。

Keith Simmonf

ARTISAN'S ASYLUM
薩默維爾，麻州
Artisan's Asylum是全美最大自造者空間之一。位於美國一家製作信封公司的舊工廠中，現在聚集了120個自造者的工作室。這個聚落擁有豐富的製造工具，也開設各種課程教導自造者新手動手做，從製作腳踏車到打造燈具。別錯過他們用群眾募資打造的巨型六足機器人專題「Stompy」（請見p47）。

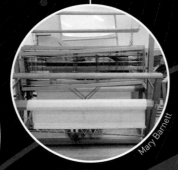
Mary Barnett

FOURTH FLOOR
CHATTANOOGA PUBLIC LIBRARY
查塔努加，田納西
誠如其名，這個自造者空間是在查塔努加公共圖書館的4樓。重點不是到圖書館吸收知識，而是用高/低科技工具創造知識。凡持有圖書館證件，便可進入這個自造者空間。

Nova Labs

NOVA LABS, INC
雷斯頓，維吉尼亞
這個自造者空間擁有大型雷射切割機、美麗的木頭小店，以及一臺播放現代Pandora網路電臺的1940年代音樂點唱機。

Yale Center for Engineering Innovation & Design

YALE CENTER FOR ENGINEERING INNOVATION AND DESIGN
紐哈芬，康乃狄克州
有許多學生團體使用這個校園自造者空間，包含無國界工程師，HackYale，及iGEM（國際基因工程機械基金會）。

Ellen Jorgensen

GENSPACE
布魯克林，紐約
Genspace是一個生物實驗室，可以讓大人與小孩學習生物科技，並且提供創新與創業的機會。

EAST

THE COLUMBUS IDEA FOUNDRY

哥倫布，俄亥俄

這個75,000平方英呎的超大型自造者空間最近增建了新的屋頂。此空間與在地社區整合，合作對象包含非營利的社區發展企業、科學與產業中心，以及「400 West Rich」的藝術設備。這個空間在這兩個重拾活力的街區內證明了自己的影響力：像是這個社區裡一家做手提掃描機的公司，也開始開放場地租借給社區使用了。

R. Kelley Marchal of Merlin Productions.

Kelly Murphy

THE HACK FACTORY

明尼亞波利斯，明尼蘇達

明尼蘇達州這個最大的會員制自造者空間，其中的高級家具製作工坊、焊接工坊、機械工坊提供了各種訓練課程。不過它最知名的是真人大小的人體手術（Operation）遊戲。

Tim Bruening

LORAIN COUNTY COMMUNITY COLLEGE

伊利里亞，俄亥俄

看看美國總統歐巴馬逛過的空間，以及用CNC切割出來的歡迎招牌。

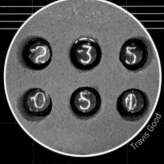

Travis Good

ARCH REACTOR

聖路易，密蘇里

電子取向的自造者空間。屋頂有很讚的酒吧，可以遠眺聖路易斯拱門。

Omaha Maker Group

OMAHA MAKER GROUP

奧馬哈，內布拉斯加

大家都暱稱它作「OMG（我的天）」。這個空間從原本賣麵包的地下室（「The Makery」）轉變成如今有40個成員的自造者空間。未來也將會協助舉辦奧馬哈的第一場Mini Maker Faire。

Daniel Simser

BOZEMAN MAKERSPACE

博茲曼，蒙大拿

位於一棟以前用來舉行牲畜拍賣大樓的一樓，空間雖小，成員卻持續成長中。

Benjamin Groves

DALLAS MAKERSPACE

達拉斯，德州

這個社區工作坊聚焦於科學實驗、藝術創作，尤其是共同合作計劃。

ATX HACKERSPACE CO-OP

奧斯汀，德州

ATX是奧斯汀第一個駭客空間，占地8,000平方英呎，共有180個社員，是德州最大型的空間之一。隨處可見木工廠、鐵工坊，這裡還有一臺60瓦的大眾（Universal）牌雷射切割機。這裡也是用特斯拉線圈表演的Arc Attack樂團的練習場地。最近這裡的專題有：一臺用來修補設備的機器人「Alfred」，以及一座投影繪製的巨型六面體塑像。

Jeff Cicolani

Rodolfo Parisi - www.drivius.net

LAWRENCE CREATES

勞倫斯，堪薩斯

這個自造者空間進行數個專題，其中有一群神經心理學的愛好者，正在進行一項嘗試將人類意識視覺化的專題。

Eric Ose

HEATSYNC LABS

梅薩，亞利桑那

知名的美國「棉花糖大砲」小神童喬伊·胡迪（Joey Hudy）和掃描電子顯微鏡改造專題都是出自這個自造者空間。空間免費對外開放，純靠社群贊助營運。

Pete Prodoehl

MILWAUKEE MAKERSPACE

密爾瓦基，威斯康辛

此空間的特點是在網站上提供了詳細的教學，讓你了解如何使用他們的工具設備。此外也成立了活躍的電動車社團。

David Lewinski

I3 DETROIT

底特律，密西根

極為豐富的工具與機器設備種類是此空間享譽這一帶的特色。

CPL Staff

TECHCENTRAL

克里夫蘭，俄亥俄

克里夫蘭公立圖書館為了容納3D印表機、雷射切割機、套件和工作空間，特別將DVD館藏移至他處。

Mike Warot

PUMPING STATION: ONE

芝加哥，伊利諾

這裡的主要產品是……啤酒。嗯，當然還有一般的製品、木工及鐵工。

LVL1 Hackerspace

LVL1 HACKERSPACE

路易維爾，肯塔基

在這8,000平方英呎的駭客空間中，你可以深深感受到民主平等精神：他們替有心想加入、但負擔不起社費的人特別設了「makerships」專案計劃，幫助他們完成夢想。

Quelab

QUELAB

阿布奎基，新墨西哥

這個6,800平方英呎的自造者空間，最有名的專題是互動式星艦駕駛艙、4噴頭的3D印表機。空間裡還有一臺80瓦的雷射切割機。

GREAT LAKES

CENTRAL

Beatrice Murch

THE CRUCIBLE

奧克蘭，加州

一處大型、設備完善的空間，可以學習精緻的工業藝術，像是如何打鐵、吹製玻璃、製作珠寶，乃至處理石材。

Shears Adkins Rockmore Architects

ADX

波特蘭，奧勒岡

現在愈來愈多自造者空間可以幫你代為製造，ADX就是其中之一。其客製化與製造團隊可以替客戶一手包辦設計與製作。當然，你還是可以自己來，只要你願意的話。

DeLaMare Library

DELAMARE LIBRARY, UNIV. OF NEVADA, RENO

雷諾，內華達

在這間大學裡的科學與工程圖書館開放給大家使用開鎖工具、3D掃描與列印、以及Arduino原型製作。

Mitch Altman

NOISEBRIDGE

舊金山，加州

成立於2007年，是一個非常多元化的空間。每個月固定會辦一系列叫做「五分鐘名人」的簡短演講，由這個空間的成員來做各種不同領域的演講。

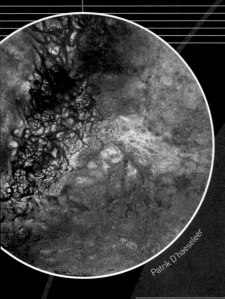
Patrik D'haeseler

BIOCURIOUS

森尼韋爾，加州

BioCurious起先只是矽谷一處車庫裡的合作實驗室，後來擴大成為一個擁有多位會員，給生物學者的自造者空間，包括濕式實驗室和生物安全檢測。不同於在普通的自造者空間會看到的雷射切割機、3D印表機，這裡會看到離心機與聚合酶連鎖反應機。這個非營利組織是日益成長的生物自造空間（biohacking spaces）之一，提供自造者進行實際的科學實驗。你可以來這裡上課、參加工作坊，以及參與社群專題，在這裡，成員和非成員都可以一塊做研究、玩實驗。

Amelia Greenhall

DOUBLE UNION

舊金山，加州

女性專屬的自造者空間，環境舒適、親切、高科技。

Gene Sherman

VOCADEMY

河濱市，加州

該有的都有，這家自造者空間大力提倡工業藝術教育重返校園。

Ace Monster Toys

ACE MONSTER TOYS

奧克蘭，加州

這間倉庫有大型雷射切割機、各式工具，以及藏有許多LED標誌。這個空間也有為孩童專門開發的課程。

David Scheltema

AUTODESK PIER 9

舊金山，加州

Autodesk不惜成本打造了這個終極自造者空間。裡面有自造者可以想到的各種工具，只開放給駐點藝術家與Autodesk員工使用。

WEST

空間速寫 SNAP SHOT

譯：謝孟達

一窺位於威斯康辛州麥迪遜的 67區（SECTOR67）自造者空間

67區（Sector67）是贏得三屆電動車大賽冠軍的發源地，是很有組織的駭客空間，位置靠近威斯康辛州府麥迪遜。67區是非營利機構，由克里斯·邁爾（Chris Meyer）這個行事專斷但出自善意的人一手創辦。當初他在商業計劃競賽獲得第二名，得到7,000美元獎金，便充作創業資金。這筆錢用來買工具其實不太夠用，所以邁爾和67區的成員們，開始重建或修補狀況良好的工具（有些壞掉），包括CNC銑床，到射出設備及縫紉機。下面9張照片只是他們8,500平方英呎空間冰山的一角。

Riley Wilkinson

 ①
 ②
 ③
 ④
 ⑤
 ⑥
② ⑦
 ⑧
 ⑨

1. 鑄鐵是67區的一大特色，在這裡可以看到的情人節鐵片和《當個創世神》（Minecraft）這款遊戲裡的鶴嘴鋤。

2. 未經整理的硬體零件放在盒子裡就會像是一堆垃圾。這些抽屜收藏許多古董電子料件。

3. 好用的小幫手，僅用一塊木頭、螺絲起子、墊圈、鐵絲和鱷魚夾，全手工製作。

4. 67區的克里斯·邁爾在操作手動銑床機器。

5. 另一個鐵鑄製品，這顆金屬頭像是用3D Kinect掃描，再利用123D Make進行雷射切割。

6. 1980年代Melco縫紉機，如今用Arduino仿造紙帶閱讀機的輸出方式改造成USB。

7. 銑切完畢的射出模型，用來當作67區的假幣。

8. 巧妙地的塑膠鞋盒收納架，不用架平臺，只用木釘就能完成。這個收納架幫助67區將料件收納整齊。

9. 在木工室的邁爾。這裡是放置67區的Jet 12"切割機、Grizzly磨砂機、Stinger CNC銑床，以及各式木條、板子與其他建材的地方。

工業機具
INDUSTRIAL INSTRUMENTS

有些事得靠家裡
找不到的
工具來完成。

文：史都華・德治　譯：謝孟達

正視這個事實吧，你可能永遠也無法擁有所有想要，或者需要的工具。有些工具太大、太重、塞不進你家或者工作室，又或者價格太昂貴、使用的次數屈指可數，並不需要用買的。

但是，自造者可以到自造者空間去使用這些較不常見的工具來完成專題。你可以期待自造者空間會有以下所有或是部分的工具，體會到經驗豐富才愈能操作愈複雜的機具。

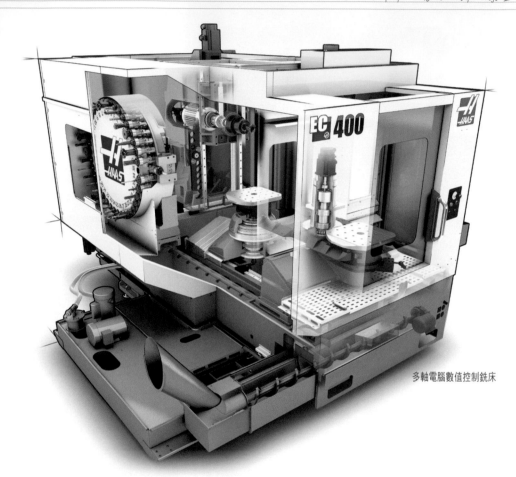

多軸電腦數值控制銑床

難度指標

難度 1：可自行上手

難度 2：建議有專家帶領

難度 3：需要上課受訓

難度 4：除了上課受訓，還要有實作的
經驗

難度 5：需要充分受訓與實作經驗

史都華・德治
Stuart Deutsch
是 ToolGuyd（ToolGuyd.com）網站的創辦人，這個網站提供各式工具的介紹與建議。

多軸與大型電腦數值控制銑床及修邊機

　　四軸或五軸的CNC機器能讓你做出用其他方式做不出來的組件。功能更多也意味著機器本身更加複雜、尺寸更大、成本也更昂貴，因此只有最大型的自造者空間才能負擔得起。標準尺寸的CNC銑床床面積約96"×48"，有些甚至更大，可讓你切割標準大小的合板、中密度纖維板（MDF）、定向纖維板（OSB）、泡棉，以及其他平板材料。

◇ **專家叮嚀**：如果你的機器沒有真空桌，買一個或是
做一個吧，會省下很多時間與精力。
◇ **品牌**：ShopBot（多軸修邊機、大型修邊機）、
HAAS（多軸CNC銑床）
◇ **難度**：3（修邊機）、5（多軸CNC）

雷射、水刀、電腦數值控制電漿切割機

　　這些強大的切割機器可以精準切割平面材料。多數自造者空間會先購置雷射切割機，因為雷射可以使用在切割薄的壓克力、木頭，甚至是布料等多種平板材料。如果想進一步切割金屬平板材料，才會購入電漿棒；至於水刀，則是有更專業需求的自造者空間，才會具備。

◇ **專家叮嚀**：水刀切割，不會像雷射或電漿切割一
樣，在邊緣出現扭曲或成品硬化的問題。水刀切
割乾淨俐落，不會有毛邊殘留。
◇ **品牌**：Epilog（雷射）、Jet Edge（水刀）
◇ **難度**：2（雷射）、3（其他）

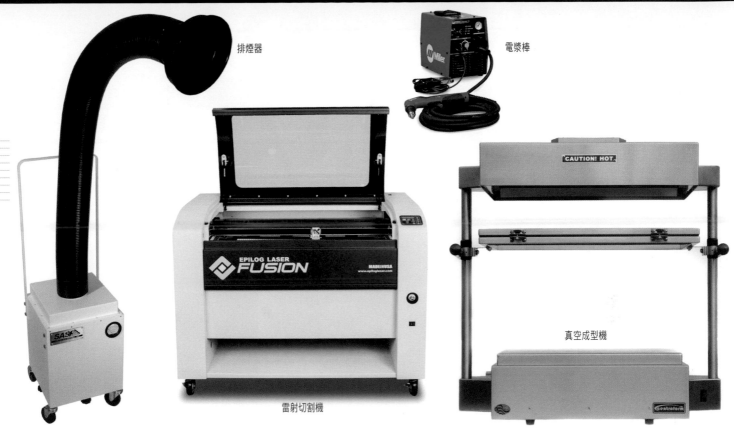

排煙器

電漿棒

雷射切割機

真空成型機

焊接與手提式電漿切割工具

自造者若學會焊接鋼材及其他金屬可以增加許多創作的可能性,像是客製化重型治具(jig)、框架、機殼等。

◇ 專家叮嚀:如果你對於MIG焊接已經很熟練,建議可以試試看瓦斯槍焊接,這主要是用來做些有藝術風格的東西;另外可以嘗試用在高科技的TIG焊接。
◇ 品牌:Lincoln Electric、Miller
◇ 難度:4

蒸氣與煙霧隔離

有些特定的工作特別須要隔離或控制蒸氣及煙霧散布,像是雷射切割、噴漆,或是混和樹脂與化學物品。雖然噴漆室、通風櫃,甚至紫外線生物安全櫃,不致於昂貴到買不起或蓋不起,但是需要大一點的空間來放置它們。如果空間沒有那麼大,可以考慮買手提式排煙器、吸塵器及空氣濾清機。

◇ 專家叮嚀:自己蓋一個噴漆室吧,連帶也會大幅提升你的噴漆品質。
◇ 品牌:Hakko(手提式排煙器)、Sentry Air(隔離櫃與排氣系統)

工業級機械

工業等級設備(像是鑽床、車床、帶鋸機、液壓機、磨砂機、磨床等)可以幫你省下很多時間,效果又比手工具、臨時的治具好。

但是,有些自造者及自造者空間會將時間與金錢花費在購入CNC工具與切割設備,卻因而忽略了有些事情是可以用簡單的工具就可以完成的,例如去除電鋸切割後會殘留的毛邊。

◇ 專家叮嚀:學習任何事都先自己來,這樣可以幫助你找出最簡單、也最具成本效益的做事方法——你不需要每次都用CNC機器來鑽出一個筆直的洞。
◇ 品牌:Grizzly、Enco
◇ 難度:3

金屬形塑工具

普通、不起眼的金屬片也能做成複雜的立體形狀。手工具可以裁切與形塑薄鋁、薄鋼,以及非鐵類的金屬;但更厚、更大件的金屬片,最好還是用大一點的設備。金屬工匠常用的工具包含:摺彎機、裁剪機、捲圓機、沖床、凹口器、收縮機、伸直機、英國輪折彎機、平整槌,以及剪板摺邊機。

◇ 專家叮嚀:一旦你很會把金屬片做成複雜的曲線,便不愁在汽車美容店裡找到高薪的工作。
◇ 品牌:Tennsmith、Grizzly
◇ 難度:2

大型空氣壓縮設備

自造者空間裡如果有一臺大型空氣壓縮設備,可以做的事就更多了。壓珠機、噴砂機、噴漆設備這類工具需要不斷輸入壓縮空

氣才能做事;但也有其他類型機器的次系統,像是CNC銑床,也需要壓縮空氣。有些壓縮空氣工具(例如磨床及磨砂機)尺寸比使用直流電的機器小很多,但空氣輸送管可能會讓你傷透腦筋。

◇ 專家叮嚀:永遠不要用太大的空氣壓縮機。
◇ 品牌:Ingersoll Rand、Rolair
◇ 難度:2

高溫設備

比較大型的自造者空間可能會有燒製設備,像是火爐、烤箱,以及壓克力板折彎機、真空成型機等特別的工具,讓自造者可以吹製玻璃,或是將塑膠板塑造成複雜的形狀。

◇ 品牌:Delvie'sPlasticsInc.(片式加熱器)、Centroform(真空成型機)
◇ 難度:2

紡織與縫紉工具

比較大型的自造者空間可能會有燒製設備,像是火爐、烤箱,以及壓克力板摺彎機、真空成型機等特別的工具,讓自造者可以吹製玻璃,或是將塑膠板塑造成複雜的形狀。

◇ 專家叮嚀:Delvie's Plastics Inc.(片式加熱器)、Centroform(真空成型機)。
◇ 難度:2

從自造到銷售
MAKERSPACE TO MARKET

好的社群
可以幫助你更快速地
文：崔維斯・古德　譯：謝孟達　邁向專業。

Synthetos

Adam Ellsworth / Jeffrey Braverman

DIYSect / Nova Labs

自造者空間不只是培養感情、玩票地做出一個成品就結束的地方。自造者空間有候也會創造出專業級的消費產品或服務。這裡介紹幾個值得一提的商品，皆來自美國自造者空間。

1. 問號方塊燈

這個靈感來自超級瑪利歐的問號方塊燈由舊金山TechShop的亞當・艾斯沃斯（Adam Ellsworth）及布蘭恩・達斯布瑞（Bryan Duxbury）兩人共同開發。在Etsy網站上開賣後，他們得到廣大的關注，旋即賣出300盞燈。於是兩人從TechShop招募一組人馬，最後總計手工製作了超過1,000盞。隔年，更在Kickstarter募資到131,000美元，足以分擔生產成本。最後的結果是方塊燈賣完了，但如今兩人忙著製造更多東西。

2. TinyG 控制器

亞登・哈特（Alden Hart）與萊利・波特（Riley Porter）兩人當初是在HackDC認識，他們共同製作這款六軸CNC控制器「TinyG」。這個控制器可以操控4個馬達，表現甚至超越市面上的CNC及3D印表機控制器，因此好評不斷。兩人對外發表產品之前，已請HackDC的其他成員試用，成員也經常給些意見。如今，可以在自造者 Shed、Inventables、Adafruit及TinyG的母公司Synthetos買到這款控制器。Othermill及五軸PocketNC也是使用這款控制器。

3. 3D 列印筆

在Artisan s Asylum自造者空間中有一群一起工作、做夢、合作的自造者。這個空間的皮德・迪沃斯（Pete Dilworth

及麥斯·波格（Max Bogue）發明出了3D列印筆（3Doodler）。這支筆在Kickstarter創下紀錄，共募集2,300萬美元。如今3D列印筆銷售至各地，甚至在現代藝術博物館也可以看到它。

4. 會發光的植物

凱爾·泰勒（Kyle Taylor）的團隊設計出會在黑暗中發光的植物，為「自然光」帶來嶄新的詮釋。由於設計過程需要用到濕式實驗室，他們在2012年特別與先進的生物駭客空間BioCurious合作，後來就在Kickstarter上募集到所需資金。

5. 小批組裝

自造者空間也孕育出服務性質的商機。有一家擁有移載機與迴焊爐的公司就利用Nova Labs的空間替自造者提供小量電子組裝服務，形成少數與當地合作、提供這類服務的自造者空間。緊密的合作關係不斷與自造者空間創造出合作效益，Nova Lab開發的一款Arduino 相容開發板就是其中一例。

崔維斯·古德
Travis Good

目前聚焦於關注自造者運動對於圖書館、科學博物館、學校及政府機關所帶來的變革潛力。他造訪過28所育成中心、上百個自造者空間、多個FabLab。他同時也是一家創業育成中心的負責人，以及維吉尼亞州一家自造者空間的共同創辦人。他也協助舉辦硬體創新工作坊、MakerCon和聖地牙哥的Mini Maker Faire。如果你想知道他還打算做些什麼，請上他的網站：make.GoodPursuits.com。

腦袋與肌力只要配合得當，天底下沒有不可能的事。我們都知道，當我們跟死黨們混在一起時許多事情常變得有趣或是滑稽。以下是些自造者空間做出的超大型、古怪、有趣的作品，證明此話不假。

Artisan's Asylum

六足怪

Artisan s Asylum自造者空間的旗艦計劃之一，這隻六足怪重達2噸、足印有18'，可承載2名乘客，幾乎可橫越各式地形。從群眾募資平臺募到10萬美元後，目前已經開始動工製作。

世界最大的自動販賣機

維吉尼亞州朴次茅斯市的North Street Labs替2014西南偏南音樂節（SXSW）設計並製造這座6層樓高、裝有800包多力多滋玉米片（一般大小包裝）的舞臺互動裝置。透過推特發布指令，用多個Arduino和Raspberry Pi操控的客製化夾爪就會將玉米片拋落給迫不及待的在場觀眾。

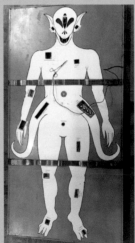

LVL1

解剖外星人

位於路易維爾的LVL1駭客空間仿照經典遊戲「人體手術」做了一個更大、外星人的版本。如果玩家從腔室移除了不該移除的內臟，這個3'×6'的外星人電路板上的止血鉗就會接通電路，使得警鈴響起。

North Street Labs

「告別汽油」改裝車俱樂部

KICKING GAS

文：傑克‧海格諾爾　譯：劉允中

節能的電動車轉換「手術」
是個和夥伴培養合作默契的絕佳專題。

DNO 172G

Electric Minor Project

傑克‧海格諾爾
Jack Hegenauer

是土生土長的美國密西
根州人，獲得生物化學
博士學位之後，在加州
大學聖地牙哥校區（UC
San）做了25年的研究
工作，在退休之前，他
主要的研究興趣是健康
相關的科學議題。現在，
他將主要的精力放在改
進空氣品質與電動汽車
技術上。

即使在商業市場上，電動汽車也變得愈來愈普遍了，在此同時，許
多車迷與DIY愛好者也沒有閒著，努力想把家裡老舊的卡車、汽車
或機車改成電能驅動。在2007年的時候，我們幾個小伙子在聖地牙
哥（San Diego）是電動車權威（Abrán Quevedo，之前是中學老
師，也開過修車廠）。後來，我們自己組了「告別汽油」改裝車俱樂部
（Kick Gas Car Club），互相分享工具、技術，也交流感情，我們
還一起在附近機場租了一個飛機庫讓大家有更寬敞的空間工作。如果
你電動汽車也有興趣的話，以下是這些日子以來我們從中獲取的經驗。

在開始之前…

請先慎重考慮你有沒有時間、精力、空間，還有足夠的預算來完成
這個專題，要完成能源轉換，需要12,000到18,000美元左右，這之

Kick Gas Car Club

的機械知識、工具、裝備嗎？有沒有朋友可以幫忙、專家可以指導？最後，你附近有沒有自造者空間可以讓你學習使用這些儀器、裝置和工具呢？

汽車選擇

最好的選擇是小型、輕量、價格便宜的老舊轎車（可以找找引擎壞掉的車子，反正之後也會把引擎拆掉換新），但是，請注意煞車功能要好，電子／電腦系統也不可以出問題，還有安全氣囊也很重要等等。到目前為止，手動轉換是最不複雜的方式了，還有，懸吊系統也需要加強，即使把引擎、排氣系統、燃料系統都拆掉，電池組和其他零件還是會使重量增加。動力煞車與動力轉向裝置都是很吸引人的配備，但是可以在零件市場買了之後改裝來用。

鉛電池好還是鋰電池好？

傳統上，我們習慣使用現成的深循環高爾夫球車鉛酸電池，但是，新款的鉛電池更輕巧、汙染比較低、能源效率更高，相對來說，價格也就比較貴一些。我們必須要將電壓與電能（單位是每小時的安培數，簡寫為Ah）相同的電池用粗銅線或者匯流排串聯在一起，以提供馬達足夠的電壓（視選擇的馬達而定，通常一個直流馬達的推進組大概需要144V左右的電壓）。

電池盒

即使是鋰電池也有足夠的重量可以抵抗輕量撞擊，但是，理想上所有的電池最好都要焊接在一個鋼製的電池盒裡，電池盒則用鉗子固定在車子的骨架上，確保不會晃動。較重的鉛酸電池溶液溢出的風險較高，充電時可能會產生可燃氣體，所以，電池盒要有緊密的蓋子覆蓋，同時提供通風的功能。

馬達

因為電池提供的是直流電，所以我們習慣使用9到11英吋的直流馬達。不過，最近交流馬達也愈來愈多人使用，雖然交流馬達的電路設計比較複雜，但它的好處在於體積較小。

不管是直流馬達或交流馬達，都需要搭配品質良好的轉接板來連接離合器與傳動系統，如果你身邊有CNC車床，可以在網路上找到各種規格的傳動系統，因此，你會需要改造一下你的老引擎，才有辦法支援新型的馬達。

馬達控制器

這是轉換過程中最花錢的零件，馬達速度控制主要透過MOSFET（金氧半場效電晶體）發出脈衝調節，使得電池可以維持在一個固定的電壓值，電池組的電壓值通常在140V～300V之間，但是馬達可能會需要高達1,000A的電流，因此，在能量產生的時候也會放出高熱，現代的馬達控制器以水流降溫，許多控制器也可以透過控制器區域網路（CAN bus）來控制，藉此達到最高的效能。

> **注意：** 控制器的電壓值必須和推進裝置相符，所以購買零件時要同時考量馬達、控制器和電池的規格。

電池充電器

通常，電池充電器會直接裝在車上，只要有110V或220V的電源就可以隨時充電，不管是在你家車庫或者電動車充電站都很方便。好的充電器可以用程式控制（可能是預先寫好的程式），配合電池的化學特性（鉛酸電池或鉛電池），使整個裝置可以運作無礙。

直流／直流轉換器

電動車的缺點就是沒有交流發電機，沒辦法直接替12V電池充電。電池是汽車的命脈，在汽車行進的時候提供低電壓控制系統所需要的電壓，並監控各個測量儀器（gauges）、電腦、頭燈、收音機、雨刷的作用等等。我們用電子交流式電源供應機（electronic switching power supply）來取代交流發電機（alternator）將電池組提供100V以上的電壓降到12V～14V左右，藉以提供各個系統所需的電源並幫輔助電池充電。

電動車轉換「手術」的結果讓人相當振奮，尤其是把一臺壞掉的車子變成這樣酷的玩意真是讓人成就感十足。跟一般的內燃引擎比起來，電動車非常平穩、安靜、耗能低。可以將這些複雜的科技產品用這麼腳踏實地的方式應用，「告別汽油」改裝車俱樂部 的所有成員們都覺得非常開心。一切都要在車子開上路之後才算數，不是嗎？

時間：
數週至數月
成本：
12,000~18,000美元

工具

» 液壓式汽車頂高機或重型千斤頂
» 引擎起吊裝置
» 金屬電弧焊接器與焊接用面罩
» 帶鋸
» 長凳與手提砂輪機
» 直立鑽床與品質優良的鑽頭
» 可攜式手搖鑽
» 完整的板手組合：3/8" 和 1/2"，美國汽車工程師協會公制。
» 扭力板手
» 電池端子捲邊鉗：2/0 – 4/0 銅製焊線用。
» 高品質數位電壓計／線路測試器／導通性測試儀
» 電池充電器
» 鉛酸電池，6V、8V 或 12V
» 鉛或鋰電池組，144V 或以上
» 電池放電組（「下平衡」用）
» 電量監控顯示器（庫倫計數器），用來追蹤電池組的充電與放電循環。
» 小尺寸的接線工具
» 各種顏色與尺寸的電線
» 壓著工具
» 剝線鉗
» 焊槍與焊料
» 電線端子、接頭、快速接頭
» 熱縮套管：各種顏色與尺寸。
» 熱風槍
» 大鐵鎚
» 很多很多咖啡

女生都上哪兒去了？

WHERE ARE THE WOMEN?

文：喬治雅‧葛斯瑞　譯：劉允中

對自造者空間成員陽盛陰衰現象的
一些見解與解決之道。

Corinne Warnshuis

喬治雅‧葛斯瑞
Georgia Guthrie
身兼藝術家、設計師和自
造者，同時，他也是改造
者工廠（The Hacktory，
thehacktory.org）的負
責人。美國費城怪咖百
科（Geedadelphia）部
落格曾選她為費城年度改
造者。此外，喬治雅也是
Action Mill 健康照護公司
的設計師。

你是否曾經路過家附近的駭客／自造者空間，然後發現裡面總是沒什麼女生？你有沒有想過這是為什麼呢？不幸的是，大部分的人都的反應都是：「我想，女生就是不喜歡親手製作或改造東西吧。」身為美國少數幾個自造者空間的女性負責人，我知道這個理由並不正確，以下是我對這個問題的看法，並提供一些可行的解決之道。

當初我被提名為改造者工廠（The Hacktory）負責人的時候，我就決定盡力讓這個組織容納各種不同背景的成員，到了現在，從費城（Philadelphia）發跡的改造者工廠，整個組織的成員男女比例各半，甚至還有女性人數超越男性的趨勢。

我們在許多科技研討會中談到性別比例不均的問題，對現況感到有些沮喪。因此，我們決定進一步探討這個問題。首先，我們做了一個報告，並舉辦了「改造性別差距」（Hacking the Gender Gap）工作坊。在這個活動裡，工作坊成員可以互相分享他們跟科技有關的不同經驗，所有的個人經驗都寫在大型的便利貼上，這些便利貼依照順序貼在年紀的時間軸上。最後，我們透過小組討論的方式，歸納分析正負向經驗的發生原因，從中還衍生出許多主題情境。從這些故事中，我們可以看到許多日常生活的點滴，藉以了解改造者的性別差距從何而來。

在10歲之前，有許多正向的經驗來自跟父母一起從做中學，可能是學習程式語言或者使用電器等；另外一個常見的情境是家庭成員購買電腦或電動遊戲，工作坊成員可能因此學會架設網站，或者對他們的技術產生信心。

在青少年的階段，許多女學生對理工的興趣會遭受輔導員、授課老師等質疑，其中，有一些可能是無心之言，像是：「我不知道這為什麼會這麼難，不是很容易嗎？」但是，也有一些毫不留情的批評，一位具有博士頭銜的女性化學老師跟學生說：「女人對科學就是不在行。」

在舉辦這個工作坊之前，我們以為這種經驗都是很久以前的事情，但是我們發現，也有許多故事是在5年之內發生的。

在閱讀這些故事的時候，很多女性朋友會說：「我以為只有我這樣而已！」許多工作坊的成員都鬆了一口氣，覺得很高興有這個機會可以分享自己的故事，無論經驗好壞，在這個不特別評論他人的場合，每個人的經驗都使我們對這個問題有更多了解。

在跨性別的討論中，我們得到更加有趣的結果。男生們時常談到女性朋友遇到困難的時候來找男生尋求協助，好像覺得只要跟科技有關，是男生就應該比較有辦法。這些故事讓我們了解到男性與科技能力的連結不管在男生或女生身上都可以看到。

除此之外，我們找到2002年的一份名為「世界各地的女性工程師」的研究，這份研究報告指出其他國家並沒有這樣的文理性別差距。比方說，中國的女性學生就對電腦相關技能深具信心，相較之下男性學生可能還沒這麼有把握。而在泰國、義大利、肯亞這國家裡，男性對科技的恐懼程度比女性還高。

在這次工作坊中，我們最重要的發現如下：

» 美國理工領域的性別差距研究並不完整，最近的研究企圖尋找女學生對理工失去興趣的「年紀」，卻不探討造成他們失去興趣的「經驗」。
» 女性學生遭受直接或間接地能力質疑，這些質疑來自輔導員，老師等等，而男性則比較沒有這樣的經驗。
» 這種性別差距的概念遍及兩性，也因此讓問題更加嚴重。
» 不管是正面或負面的評價都會跟著學生很多年。

所以，駭客/自造者空間可以做些什麼來鼓勵女性朋友參與呢？首先，可以先質疑我們對現狀的假設。比方說，如果有一個女生經過工作室，你是不是會假設她是新手，只是跟在別人旁邊學呢？當然，這樣的假設可能來自真實的經驗，但是為了矯正這個問題，我們可以刻意將這些經驗先擺在一邊。

此外，還有所謂「虛有其表症候群」的問題，也就是持續將自己的能力與別人比較，害怕被發現自己不如自己說的那麼厲害。在理工領域當中，有很高比例的女性對自己能力不信任，使得她們不敢自信地表現她們的能力或技術。

如果在你們的組織中有一些女性工作者，甚至有些位居領導職務，那表示這個團體已經很棒了。如果想要進一步使這個團體發光發熱，可以做一些改變。

首先，可以進行一次匿名的調查，看看大家認為這個團體中有什麼地方對女性造成困擾，因為，許多女性不想造成大家的困擾，或者覺得充滿無力感，只好對不滿的狀況忍吐吞聲。

「要解決這個問題，可以先從質疑目前自造者空間成員們心中的預設立場開始。」

從這個問卷調查中，可以請團體成員列出前三個急需改進的問題，而不是直接把問題提出來請大家投票決定，因為，公開投票就是現存的解決方式，會造成原本就有的問題繼續下去，這樣沒有辦法照顧到相對弱勢的聲音。

另外，還可以提供視覺上的線索來輔助，表示女性夥伴也受到歡迎，例如在工作室安排一個身上別有胸針、姓名標籤的關懷員，或者也可以考慮一些有效的衝突

化解策略，「不傷人」政策等。

還有，開設設計課程，歡迎喜歡藝術、工藝創作的人來參加，很多女性朋友對於改造者、工程師這些頭銜有些抗拒，但是對藝術、工藝就比較能接受了。在許多工作室，我們發現提供女性和朋友同樂這樣的課程獲得很大迴響，這些都可能讓工作室裡有更多女性朋友落腳，假以時日，就會有女性朋友站上領導的位子，繼續發起這樣的活動了。

如果你所在的駭客/自造者空間只有一位女性，甚至連一個也沒有，那麼事情要改變就更加困難了。在這個情況下，可以評估這種缺乏多元性的環境無傷大雅，還是一個大問題？如果大家都覺得沒有關

The Hacktory

係，這可能反映了理工社群的菁英思想，而不認為是組織文化和刻板印象造成這樣的性別比例差距，忽略了科學、科技、物理的好奇心與生俱來，因此，這個組織很難拋下偏見，做出適當的改變來吸引女性或其他少數族群。

在這個情況下，與其試圖改變大家的觀感，不如在社群中尋找其他志同道合的夥伴，重新開發一個新的空間。這一次，相信你投入的時間精力會以驚人的速度得到回報！ ◐

TechShop的營運祕笈

TECHSHOP'S NOT-SO-SECRET INGREDIENT

文：內森·荷爾斯特
譯：劉允中

為了達成遠大的目標，
這個名聞遐邇的自造者空間正在推動新的
管理方案，希望每一個TECHSHOP都可以變得完整並且有利潤。

Jeffrey Braverman

吉姆・牛頓（Jim Newton）在向我們介紹TechShop的高耗能設備時，就像車迷在聊燃油、馬力、扭力那樣侃侃而談。甚至也使用同樣的專有名詞，像是走過 Jet 牌直立式銑床的時候，牛頓就提到這個銑床馬達馬力可達3匹、可變換速度，以及數位顯示。

牛頓是 TechShop 的創辦人，TechShop 可說是第一個（可能）功能最完整（幾乎）的自造者空間了。TechShop 的旗艦店位於美國加州舊金山，占地 18,000 平方英尺，裡頭充滿他最喜歡的工具和設備。

他很喜歡 Tin Knocker 的手持式沖床，非常精準且打出來的洞也很俐落；Jet 公司的冷鋸也是他的最愛，雖然他一直很想要買一臺自己玩，卻沒有辦法找理由說服自己；另外，他覺得車床是「工業革命的重要推手」（包括 3D 印表機、雷射切割機），這些設備都是 TechShop 成為一家 TechShop 的重要元素。

TechShop 漸漸從自造者空間的定義中獨立出來（自造者空間這個名詞原本的定義就有些模糊）。TechShop 變成理想的營運方式，雖然不廣泛，但卻逐漸成為這種類型的商店標準，一方面因為它的規模，另一方面則是因為它的標準化制度。目前，TechShop 在美國有 8 間分店，是目前這類商店中最大的。

即使如此，TechShop 還有更遠大的目標。TechShop 的執行長馬克・哈奇（Mark Hatch）表示，希望在北美開拓 60 到 100 個分店，也就是要比現在擴增 10 倍。為了做到這一點，他們必須要有體的行動方針，讓每一間分店都可以依此營運，也就是某一種「TechShop 營運守則」。

關於這個守則，哈奇和 TechShop 的全體人員並不覺得是個不能公開的祕密，他覺得目前為止還沒有競爭者可以做到一樣的事情，因為成本實在太高了。「所以，一切都跟資本有關，這是資本相當密集的產業。」他說：「這很困難，要付出相當大的資本。為了維持消費意願，價格必須壓低，大約是每個月 125 美元。無論怎麼想，這都不是一門好做的生意。每間店舖大概都需要150 萬到 250 萬美元的成本才能開始營運。」

目前 TechShop 最新的分店位於維吉尼亞州的阿靈頓（Arlinglun），在 6 月正式開幕之前，就已經擁有 500 個會員；而且因為跟榮民事務處創新中心（Department of Veterans Affairs Center for Innovation）合作，還會有 3,000 位會員加入。哈奇認為，結果能這麼亮眼要歸功於在 4 月時舉辦的試營運活動前，就已經有 200 位會員加入了。

TechShop 一般都會有大型宣傳活動。阿靈頓分店的很早就開始籌辦和宣傳使得它獲得成功，但是，在某些地方並不是如此。如法炮製的行銷策略並不是每次都有效，像在奧勒岡州波特蘭（Portland）市、北卡羅來納州的羅列 - 達勒姆（Raleigh- Durham）市的分店就關門大吉，而在紐約布魯克林區的分店則是過了 3 年還無法正式開幕。

對哈奇來說，這些都是發展必經的過程。即使如此，也要遵照營運守則來走，並依照遇到的新挑戰來調整營運守則。現在，TechShop 不再接

「這和小而美的商業經營模式非常不同，同樣的機器會有上百個人使用，而且每個人的使用方式都不一樣。」

1. 在 TechShop 舊金山旗艦店裡，3D印表機放在安靜的高處。

2. TechShop 每個月都會提供 100 到200 種課程，圖片中是木工課程，從基礎到進階的都有。

3. 在電子實驗室工作的會員。

4. TechShop 在大廳設計並製作出所有的零件。

⑤

受加盟的合約。牛頓表示，波特蘭市與羅列市的分店開張的時候，他們還只有一間店（在加州的蒙洛帕克市），「那個時候我們還在摸索營運的方式，我沒辦法直接把一個營運守則丟給另外一個人，跟他說：『只要像這樣經營一間TechShop分店就行了，一定會賺大錢。』我們只能說：『你分析一下蒙洛帕克分店是怎麼營運的，試試看能不能自己複製這個營運模式吧。』」

後來，牛頓將問題歸咎於店面的地點——波特蘭市和羅列市的分店都不在市中心。現在，地段變成營運守則的重要部分，每一間分店都要在人們會去的地方，像是餐廳、酒吧或交通據點附近。

這和許多傳統的自造者空間大相逕庭。Re:Imagine團隊與灰色地帶藝術基金會（Gray Area Foundation for the Arts）負責人彼得·赫敘伯格（Peter Hirshberg）表示，如果要動用大型機具，或者進行焊接的工作，通常會選擇工業區，比較容易取得足夠的空間。「但是，TechShop卻開創出一種新的進階生產形式，而且不需要太大的空間。」

另外，TechShop在波特蘭分店還學到了另外一件事情：每個新的分店都需要全新的設備。

硬體設備是目前TechShop營運守則中最龐大的環節。他們的網站上有核心工具與設備的

清單，這些品項在各個分店間差異並不大，甚至連器械品牌、產品編號都鉅細靡遺。也因為這樣的制度，使得他們得以將人員訓練、器具維修、安全規則都標準化。另外，TechShop的會員都會有一個RFID辨識系統，不管走進哪一間分店，都可以直接開始使用那裡的設備。

約翰·泰勒（John Taylor）負責TechShop的全國展店事項，在工具列表標準化過程中付出不少心力，他與工程師合作，將各個分店的陳設客製化。因為電子工程師需要細部的資訊，才有辦法設計出正確的線路與插座位置。「設計線路與插座位置是一個權衡的過程，」泰勒說，「店鋪經營者當然希望有開闊的視線，但是有技術背景的人會認為牆壁、垂直收納與獨立的程式開發空間非常重要。」

舊金山的旗艦店就是這兩種理念的折衷，也是目前唯一超過一層樓的TechShop分店，頂樓的部分比較安靜，就放了像是雷射切割機、3D印表機之類比較安靜的設備，還有休息區跟一些裝有合作廠商Autodesk軟體的電腦。頂樓下方有一個閣樓，裡頭是會議室，會議室的牆壁是玻璃材質的，可以俯瞰店裡的直立式銑床、手動沖床和一旁的60,000-psi Flow Jet的水刀切割設備、牆上的大型蜘蛛般的紅黑色Lincoln Electric通風系統。木工區有四面牆和寬闊的入口，設置在側邊，儘管已經裝了木

「社群這件事情有很大的魔力，人們總希望可以和朋友見面，而見面的時間永遠不嫌長。」

5. 除了3D印表機之外，上層還有雷射切割機、備有咖啡和自動販賣機的休息區，旁邊還有一些電腦，裡面有Autodesk的軟體。

6. 木工區的帶鋸機練習。

7. 後方的入口比一般入口大，可以讓較大的材料和專題進出。在後方入口旁邊設有粉末塗裝工作站，空間可以容納重型機車的車身。

屑清理機和空氣過濾系統，仍充滿著鋸木頭的聲音和木屑的味道。

除此之外，木工區還有一臺中型和一臺大型的ShopBot CNC 雕刻機。ShopBot 的創辦者兼執行長泰德·荷爾（Ted Hall）說：「我們長期以來和TechShop還有其他自造者空間合作，希望可以在這樣的環境裡支援客人的需求。因為這和小公司或工廠的使用狀況很不一樣。在同一個禮拜之內，會有幾十個、甚至上百個人使用同樣的器具，而且每個人的使用方式都不同。在大部分的狀況裡，他們都沒有什麼經驗，所以要使設備在這樣的狀況中保持耐用穩定並不容易。」

這就是造夢工程師發揮所長的時候了，這一群TechShop員工的任務是照顧機器、提供使用者協助，並且和會員們交朋友，創造新的社群連結。

「造夢工程師就像是知識和社群的網絡節點，他們會大概知道某個時間點店裡每個人在做什麼。」負責訓練造夢工程師梅爾·奧立佛爾（Mel Olivares）這樣定義，「他們就像是黏著劑那樣，促進整個友善的氛圍，不只是做單純的技術指導而已。」

在TechShop的經營策略中，社群是非常關鍵的環節，無論是哈奇還是牛頓都有提到這一點。他們提出的目標是每間分店至少有500位付費註冊的會員，這不只是財源的考量，也因為這樣才能達到社群的效果。「如果會員數達到500，魔法就會生效。」哈奇說，「這個時候，大家的心態會改變。成員們會更主動想要來到TechShop，想要和社群成員互動，看看他們的朋友，花更多時間相處。」

社群這個元素在A型機器公司（Type A Machine）這個成功案中例扮演重要的角色，他們在TechShop舊金山店生產3D印表機，後來這間公司逐漸開始成長，賣出超過市值100萬美元的印表機，因為規模愈來愈大，他們最後將生產基地搬到附近的聖利安卓。雖然許多公司在TechShop內發展，但TechShop畢竟不適合大規模的生產。如果急著交貨，你需要的機器卻有別人在使用，那就會造成問題。不過，A型機器公司總部還是設在TechShop舊金山店的頂樓，和TechShop保持研發的合作關係。「TechShop的團隊無懈可擊，如果沒有跟他們的合作，我們沒有辦法擁有今天這樣的成果。」A型機器公司的共同創辦人兼工程師米洛·亞歷山大（Miloh Alexander）說。

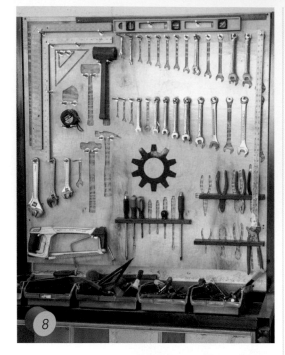

8. 每一個工具都有專屬的位置。

9. Jet可變速、3匹馬力的直立式銑床，搭配數位顯示器，使得 TechShop 的會員們不需要透過機械式的按鈕就可以調整這個工具。「這是居家可以擁有的夢幻設備！」牛頓說。

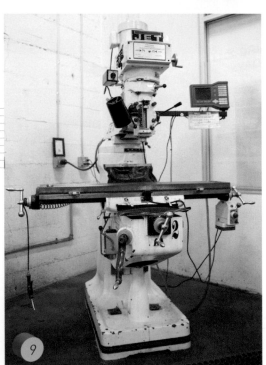

「我們使用TechShop舊金山店的設備，像是銑床、雷射切割機還有其他工具來製作零件，組裝我們的夾板機與2014年新開發的金屬摺疊機，我們將這些設備組裝好之後輸出，並提供售後服務與技術支援。」亞歷山大表示，「從一開始，我們就需要 TechShop 的設備，這樣在製作這個奇怪的機器時，才可以近距離地做品質控管。」

某種程度來說，製作奇怪的機器就是牛頓創立TechShop的初衷，他曾經參加戰鬥機器人（ BattleBots ）比賽，做出一個220磅重的戰鬥機器人。 他需要製作齒輪箱和輪軸時，但是沒有車床也沒有銑床，所以，他為了使用這些設備，報名了聖馬提歐學院的課程，結果，這就變成一個商業模型的構想。他說：「就在那個時候，我發現要找到好的設備非常困難，而且人們願意付錢來使用這些設備。」

雖然有這個需求，幾年前像是牛頓或是其他自造者願意為了能夠使用機器報名課程或是教授課程。但是，這樣的營運模式還不夠完整 。「隨著愈來愈多自造者空間開始以社群為核心，我覺得會出現更能夠永續經營的商業模式。」泰勒說。

TechShop解決這個問題的方式，是在新的分店建立夥伴聯盟，比如底特律市的福特公司、德州奧斯丁市與勞氏（ Lowe's ）公司就為員工購買TechShop會員資格。而在阿靈頓市，TechShop也與美國國防高等研究計劃署（ DARPA ）合作。接下來，TechShop將在都柏林與慕尼黑展店，他們也計劃和都柏林城市大學與BMW簽署合作關係。另外，在洛杉磯市的分店則打算和 The Reef 這個自造者社群合作，聖路易市的分店還在尋找投資者。

哈奇表示60到100間分店這個目標可以在2020年達成，不過他自己也不確定這是不是個不切實際的進程，到那個時候，他認為公司會以分散式生產、設計、產品原型開發為主。

「我們希望TechShop最後可以像現在的Kinko公司一樣，客戶可以親自跑一趟，做出自己想要的東西，或者，他們也可以將檔案傳給我們，由我們幫他們做出來。」曾經擔任Kinko公司電腦相關服務負責人的哈奇說：「現在生產逐漸自動化、數位化，而我們的分店也愈來愈多，我們總有一天可以將自己定位成世界最大的分散式生產公司。」

精通 TECHSHOP 的12個步驟

» 1. 去領你的 RFID 胸章，上面會有你的照片，有了胸章之後就才可以進門並開始使用 TechShop 的設備。

» 2. 去和 TechShop 員工或造夢工程師打聲招呼，他們會幫你上手，還會帶你認識這個社群裡的其他朋友！

» 3. 使用機器前先上安全講習課程，總會用到的！

» 4. 去 TechShop 的零售店逛逛，你會找到很多需要的材料，而且可以少量購買，這樣即使只要做一個小專題也不會有問題！

» 5. 去做一個你一直很想嘗試的專題，如果不知道如何進行，可以請店裡的造夢工程師來教你。

» 6. 選一門 3D 設計課來上，在這門課你會學到許多不同的工具，像是 3D 印表機、雷射切割機、CNC 銑床和修邊機。

» 7. 試著做出新的東西，然後跟別人分享。

» 8. 買杯啤酒請身邊的專家喝，然後跟他討教。

» 9. 選一堂有趣的課來上，最好是你以前沒有試過的東西。這樣一來，你的腰帶上就多了一個工具，你不但會學到這項工具的用途，還會找到新的應用方式！

» 10. 試試逆向工程，把某個東西拆解開來看看。

» 11. 然後，回去試著把這個東西做得更好，這就是成為專家的方法！

» 12. 最後，做出一個成品，然後把它賣出去吧！現在要販賣專題構想有許多方法，比如 Etsy、Kickstarter 或 Tindie 等。

BAND SAW · DRILL PRESS · MILL · LASER CUTTER · WELDER · CNC ROUTER · 3D PRINTER

如何成立一個自造者空間
HOW TO MAKE A MAKERSPACE

文：莫莉·魯賓斯坦　譯：編輯部

開始前你不知道，但卻應該了解的6件事情。

如果你打算要集合當地的自造者組一個社區型的共同工作室，你將會需要一個地點，它可以是一個從你貨車延伸出來的移動式空間，或是80,000平方英尺的倉庫；你還會需要一些工具，這些工具可能是跟其他成員借的、由贊助商贊助，或是用買的；最後，你需要一份營運計劃書。

剩下就是一些細節了。這裡提供6點你可能沒想過，但最好先做好準備的事項。

尋求幫助

你的成功與否將會與你能否找到強而有力的支援團隊有關。再加上，由自願者組成的社群是最好的了。找大家一起來打掃、粉刷牆面、搬運家具，以及裝潢內部。畢竟，這是個自造者空間，就讓打造這個空間成為整個團隊的首項專題吧。

依照需求量身打造

你可以打造一個上百萬、藝術性極高的設施，但最後你會發現大家只想要一個可以在牆上畫畫的空間。請依社群的需求打造空間吧。

不是所有東西都得自己動手做

一定會有成員或自願者提議凡事自己動手做。如果只是要為木工室做幾張板凳的話，這個主意還算不錯。但如果牽涉到法律合約、會計或是牽電線等，建議還是要找專家來。

對未來樂觀

當你在與你的社群規劃你的基礎空間和藍圖時，可以想像你擁有龐大的資金。你會想要更大的空間？搬到更棒的地點？換上最炫的工具？還是你會讓所有的服務成為免費？

在預算上做最壞的打算

你必須先做好任何事情都有可能延宕的心理準備。你可能要在獲得利潤之前先支付租賃和設備成本。不管你預計要花多長的時間開張，都把那個時間乘上三倍吧。

你並不孤單

世界各地有許多人正在面臨跟你同樣的問題。參觀他們的空間、和那些營運者們聊聊，或是參考Maker Media出版的《自造者空間成立指南》（中文版由馥林文化出版）。很有可能地方的圖書館、大學或者經濟發展團也在進行同樣的計劃。

別擔心，這並不是一個不可能的任務。當初在成立Artisan's Asylum時，我們有些事做對了，但有些也是困難重重。祝你好運！

**莫莉·魯賓斯坦
MOLLY RUBENSTEIN**
是一位教育家、表演者，職業是社群組織者。她是負責將 Artisan's Asylum（artisansasylum.com）空間從一個小俱樂部變成一個大的社群和育成中心的團隊成員之一。
在她有限的空閒時間裡，她會幫助那些準備成立自造者空間的創辦人。

Photo: Artisan's Asylum, Illustration: James Burke

SKILL BUILDER+

EASY TO ADVANCED

合成自己想要的聲音
CUSTOM SOUND

文：查爾斯·普拉特、弗雷德利克·瓊森
譯：謝明珊

學會利用計時器晶片來調整聲波，打造屬於自己的數位取樣系統模擬器。

時間：
2～7小時
成本：
10～30美元

查爾斯·普拉特
Charles Platt
著作有老少咸宜的入門書
《Make: Electronics 圖解電子實驗專題製作》以及續集
《應用電子學實驗專題》，
他也是《電子零件百科全書》
第一冊的作者，
第二、三冊正在籌備中。
makershed.com/platt

弗雷德利克·瓊森
Fredrik Jansson
來自芬蘭的物理學家，
目前住在阿姆斯特丹模擬
海洋生物。他喜歡起司、
比利時啤酒，興趣是改裝
電子產品。夫妻倆經常在
部落格發表專題。

Ⓐ 把 3" 擴音器安裝在塑膠專用盒，採用尼龍防鬆螺帽。擴音器必須緊貼專用盒的後鑲板，聲音品質才會令人滿意。

Ⓑ 為了傳送聲音，洞口必須夠大，但仍要提供錐形擴音器應有的保護，所以先用 1/16" 的鑽頭鑽洞，再逐漸調整到適合的大小，以免損壞塑膠盒。

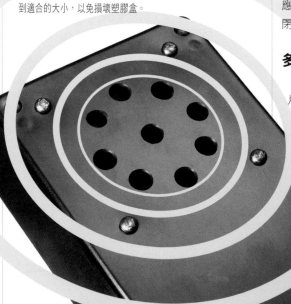

聲音合成的基礎

任何熟悉 555 計時器的人都知道，它能夠產生聽得見的頻率，但你們可能沒想過，計時器也可以操控波型，製造出各式各樣的聲音。我們確實能夠合成屬於自己的聲音波型，一次一個數位聲音片段。

輸出裝置

畢竟難免會有意外，這次的實驗你可能不想使用高級擴音器，但仍然需要擴音器來重現合理的頻率。3"（75mm）擴音器大約要價5美元，應該就夠用了，因為我們會把擴音器放在共鳴密閉空間，例如專用盒裡面，請看 Ⓐ 和 Ⓑ。

多功能的 14538B 計時器晶片

我第一次合成聲音，就是選擇 14538B 晶片，它提供了 555 計時器晶片所缺乏的選擇。14538B 晶片包含兩個單穩態計時器，各有兩個觸發埠和輸出埠。一個觸發埠負責察覺升緣，另一個察覺降緣。一個輸出埠是高態動作，另一個是低態動作，如 Ⓒ 所示。

每個計時器的脈衝期，取決於電阻和電容。R 代表電阻，單位是千歐姆，C 是電容，單位是微法拉，只要利用下列公式，就能夠算出計

雙重單穩態多諧振盪器
14538B

計時網絡

1 ← 計時器1 計時器2

16 → 5VDC至18VDC

2
15
3
14
低態動作重置
升緣觸發
降緣觸發
高態動作輸出
低態動作輸出

4
13
5
12 低態動作重置
6
11 升緣觸發
7
10 降緣觸發
8
9 高態動作輸出
低態動作輸出

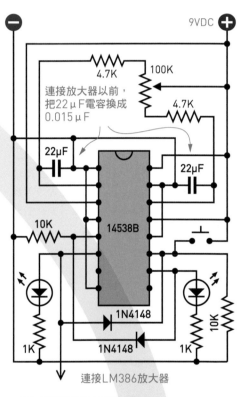

9VDC +

4.7K   100K

連接放大器以前，
把22μF電容換成
0.015μF

4.7K

22μF   22μF

10K   14538B

1N4148

1N4148   10K

1K   1N4148   1K

連接LM386放大器

D 這個測試電路大約可以產生
2秒的脈衝對。

C 為了傳送聲音，洞口必須夠大，但仍要提供錐形擴音器應有的保護，所以先用 1/16" 的鑽頭鑽洞，再逐 調整到適合的大小，以免損壞塑膠盒。

時器的脈衝期，以秒計：

$$T=(R×C)/1000$$

舉例來說，22μF電容搭配100K電阻，將會產生2.2秒的脈衝期。

每個計時器只適合單穩態模式，但可以互相觸發產生脈衝流，電路如 **D** 所示。我打算讓一號計時器先產生脈衝，二號計時器再來製造脈衝延遲，然後緊接著下一個脈衝，這樣就是一個聲波循環。為了更容易聽見音質的變化，頻率絕對要維持不變，你可以在兩邊放置電位計控制兩個計時器。一個計時器加速了，另一個也會相應減速，脈衝輸出就會如 **E** 所示。

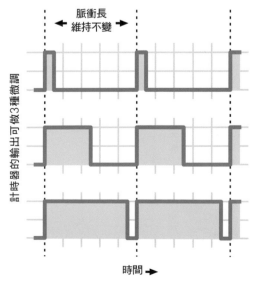

脈衝長
維持不變

計時器的輸出可以做3種微調

時間→

E 14538B 兩個計時器產生的脈衝，會間隔一段時間。微調電位計會產生相同頻率的各種波型。

材料

» 電線
» 焊錫
» 擴音器，8Ω、直徑約 3"
» 專用盒：6"×4"×2"：要大到足以容納擴音器，例如 RadioShack 270-1806。
» 9V 電池，附有剝線端的終端連接頭

注意： 這篇文章介紹 3 個迷你專題，其中一些材料必須在後續專題重複使用。

專題 1：
» 電阻：1kΩ（2）、4.7kΩ（2）、6.8kΩ（1）、10kΩ（3）
» 微調電位計：100Ω、100Ω、250Ω、500Ω 各1
» 電容：22μF（2）、0.015μF（2）、330μF（1）
» 微小信號二極體：1N4148（2）
» 一般 LED：20mA 正向電流（2）
» 雙重單穩態計時器晶片 14538B，任何製造商皆可 *。
» 放大器晶片 LM386，任何版本皆可。

專題 2 額外需要的材料：
» 微調電位計：1kΩ（3）、20kΩ 或 25kΩ（3）
» 電容：0.01μF（4）、0.068μF（4）、1μF（4）、1.5μF（1）、2.2μF（1）
» 計時器晶片：NE555P 或類似款（4）

專題 3 額外需要的材料：
» 微調電位計：20kΩ 或 25kΩ（1）
» 電容：0.022μF（2）、0.033μF（3）、0.1μF（3）、10μF（1）
» 計數器晶片 4520B，任何製造商皆可 *。
» 多工器晶片 4067B，任何製造商皆可 *。

注意： 晶片必須是 DIP 或 PDIP 的格式，不要是表面黏著型。

工具

» 烙鐵
» 萬用電表，最好可以測量電容量。
» 無焊麵包板
» 鑽頭

* 零件編號前後可能還有其他字母

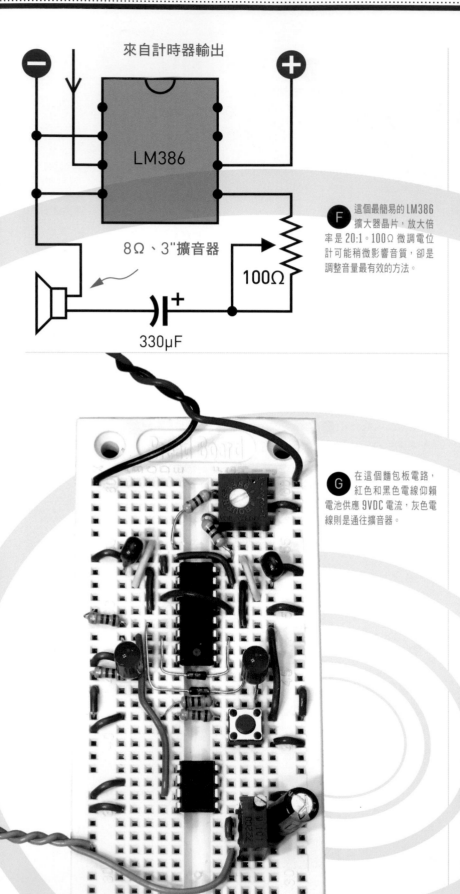

來自計時器輸出

LM386

8Ω、3"擴音器

100Ω

330μF

F 這個最簡易的LM386擴大器晶片,放大倍率是20:1。100Ω微調電位計可能稍微影響音質,卻是調整音量最有效的方法。

G 在這個麵包板電路,紅色和黑色電線仰賴電池供應9VDC電流,灰色電線則是通往擴音器。

接上電源

14538 B計時器晶片的電壓,分別有5V和18V,也可以使用9V電池,完全沒有電壓限制。輸出電流限制在10 mA,所以每個LED都有搭配一個1 kΩ電阻。

電源接通後依然不會有動靜,兩個計時器還在互相等待。當我們輕壓觸控開關後放開,11號連接埠產生降緣,進而驅動二號計時器。高輸出結束後,二號計時器透過5號連接埠驅動一號計時器,如此來來回回,兩個計時器彷彿在玩捉迷藏。

有了微小信號二極體的阻撓,兩個計時器就不會把正電壓強迫輸入彼此的輸出端,我們從LED就能夠一窺端倪。藉由微調電容來回變化,也可以觀察長循環和短循環如何交替。

迷你專題 1: 初級
聲音的聲音

現在大家都有概念了,我們就把頻率加快,直到人類聽得見的數值。我選擇每秒600個脈衝,也就是600 Hz。拿掉兩個22μF電容,改為兩個0.015μF電容。如果你可以測量電容量,就儘量讓兩個電容數值相等,這樣就算轉動微調電容,輸出頻率也會維持不變。

14538 B計時器晶片仍不夠強大,不足以驅動擴音器,所以還需要一個放大器。LM386晶片正好派上用場。電線如同 **F** 所示。麵包板的完整照片,如 **G** 所示。

接上電源,輕壓觸碰開關,聆聽轉動微調電容時的聲音。正當高脈衝和低脈衝趨於相等,聲音會很柔和,但另一端的聲音,卻變得更尖銳,因為音波的形狀決定了我們可以聽到多少諧波,而高頻率的波束特別佔優勢。

拿掉100 k微調電位計,換成250 k微調電位計,聲音的種類會更多元,因為低頻率可以包容更多諧波,如果你把擴音器置於我所推薦的專用盒,500 k微調電位計聽起來效果最好。如果想更瞭解諧波,可到thedawstudio.com/Tips/Soundwaves.html試試線上課程。

迷你專題 2: 中級
進階聲波合成

如果想挑戰更困難的,你可以自己合成聲波。**H** 的電路圖,就是採用4個舊版雙極555計時器(也稱TTL版),可以直接驅動擴音器。第一個計時器產生脈衝流,同時觸發其他3個計時器。

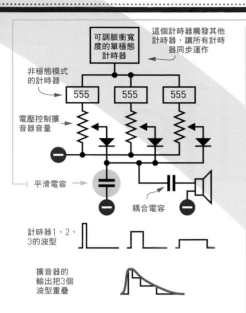

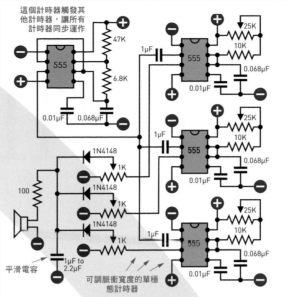

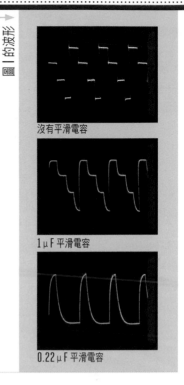

□ I 的波形

沒有平滑電容

1μF 平滑電容

0.22μF 平滑電容

計時器1、2、3的波型

擴音器的輸出把3個波型重疊

H 長短和電壓不一的脈衝，重疊後變成梯階波型，三個雙極 555 計時器都是單穩態模式，被第四個非穩態計時器調為同步。

I 圖 H 方塊圖的麵包板電路圖。

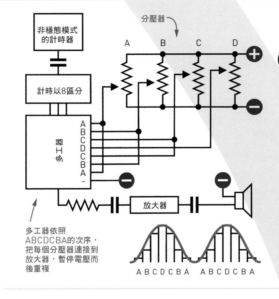

J 多工器飛速選擇電位器調整的電壓，產生對稱的聲波型。

多工器依照 ABCDCBA的次序，把每個分壓器連接到放大器，暫停電壓而後重複

每個計時器都是單次啟動模式，時間長短可以個別調整，每次輸出都要通過微調電容，以便調整擴音器的電壓。長短不一的脈衝，形成大小不一的水平聲波片段。麵包板電路圖見 **I**。

迷你專題 3：

高級

數位取樣系統模擬器

如果想挑戰更困難的，你可以製作一個超級簡單便宜的電路，來模擬數位錄音的取樣系統。**J** 就是這個概念。多工器飛速取樣每個電位計，透過放大器把電壓傳給擴音器。**K** 是這個麵包板的電路圖。

自從 Sony 和 Philips 公司研發出第一片 CD，我們就習慣聆聽數位複製的聲音，因為這種聲音的頻率很低，你只要有最基本、最常見的零件，也就是計時器晶片，外加一點想像力就可以辦到。

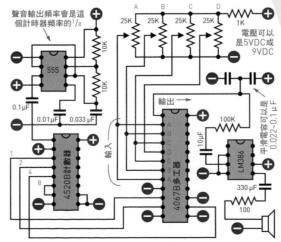

K 圖 J 方塊圖的麵包板電路圖。

EASY

端銑刀的祕密

THE SKINNY ON
End Mills

文：泰勒‧沃曼 ■ 插圖：羅柏‧南希
攝影：安娜‧卡西烏納‧法蘭斯 ■ 譯：謝明珊

不要被CNC切削機嚇到了，踏入加工世界的第一步，
就是認識減法的基本工具。

你 是否對電腦數值控制（CNC）切削機有興趣，卻對工具一無所知呢？

你不會分辨鑽頭和端銑刀嗎？本文介紹端銑刀的構造、一些基本款的端銑刀，順便公開如何挑選塑膠和木頭工程的銑切工具。

鑽頭和端銑刀比一比

CNC加工法就是減成法，以「端銑刀」等旋轉切割工具來移除材料。端銑刀看起來很像鑽頭，但功能比鑽頭多更多。

「鑽頭」和「端銑刀」二個詞，經常交替使用，卻有重大的差異。鑽頭會直接刺進材料，完成軸向切割，形成圓筒狀的洞口 Ⓐ。端銑刀經常是軸向和橫向切割皆可 Ⓑ。

此外，端銑刀大多是「中心銑切」，軸向和橫向切割皆可，因為切割溝槽延伸到（也發自）端面，可以完成插入式銑切。

為了減少工具對材料的破壞和壓力，CNC軟體通常讓端銑刀「從斜坡」緩慢滑入橫向割痕 Ⓒ。

專題種類、切割的材料、心目中的表面修飾，都會決定銑切工具的形狀。銑切工具的基本特徵包括直徑、柄、溝槽、刃齒、頂心的形狀、中心銑切能力、螺旋角、螺旋方向、切割長度、整個工具的長度 Ⓓ。

頂心的形狀和用途

每一種頂心都有各自的用途。鑽頭的頂心是尖的 Ⓔ，但端銑刀常見的頂心形狀有下列幾種：魚尾型、圓頭型、直柄型、刨平型、V型 Ⓕ。

魚尾型用來製作平面。圓頭型可以產生圓形的刻痕，很適合完成3D模型輪廓。V型可以產生「V」型刻痕，主要用來雕刻，尤其是製作招牌 Ⓖ。

溝槽和切屑負荷

溝槽是端銑刀周圍的螺旋槽。每個溝槽的邊緣都排列著刃齒，每個刃齒都有一個尖銳的切刃口（也可能不只一個）。

刃齒切割木頭時，每個溝槽都會移除一小部份或「切屑」。刃齒數量愈少，每次旋轉就會移除愈多材料 Ⓗ。

切屑負荷意指特定工具的切屑厚度。刃齒數量愈多，最後完成的表面愈平滑，刃齒數量愈少，

泰勒‧沃曼
Tyler Worman
是自造者，也是軟體工程師，目前住在密西根州的安娜堡。我喜歡把玩新的微控制器，並嘗試各種快速的原型設計工具。

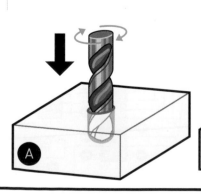

Ⓐ

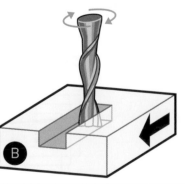

Ⓑ

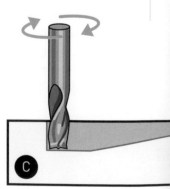

Ⓒ

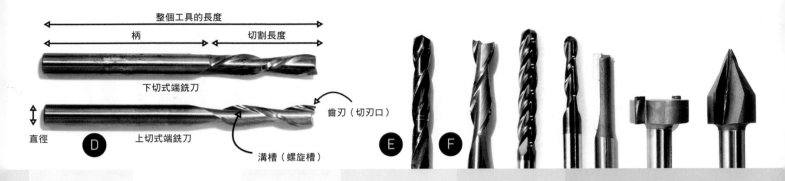

整個工具的長度
柄　　切割長度
下切式端銑刀
直徑
D　上切式端銑刀
齒刃（切刃口）
溝槽（螺旋槽）
E　**F**

切屑速度最快，但切割表面會很粗糙。

我們完整的課程（makezine.com/endmills）會有更詳盡的內容。切屑負荷夠不夠很重要，因為切屑可以散熱。散熱不佳的話，結果可能差強人意，導致木頭燒傷、邊緣修飾不佳、工具鈍化。

如果要加工HDPE塑膠，你會希望溝槽數量為「0」或1，這樣才可以儘快移除切屑，熱氣也就不會累積，進而融化塑膠熔接在工具上。

螺旋方向、切屑排出、表面加工

CNC成型機的端銑刀順時鐘旋轉。切屑會從頂部或底部排出，取決於端銑刀周圍溝槽的螺旋方向。

上切式端銑刀真如其名，朝著頂部排出切屑，所以底部表面有著清晰的切痕，缺點是切屑往上排出時，頂部表面可能會碎裂或「撕裂」**I**。

下切式端銑刀剛好相反，頂部會有光滑的表面，適合早就雕刻過或V型雕刻過的物品，而且是無法倒轉遮掩撕裂處的物品。此外，下切式端銑刀沿著刻痕蒐集切屑，讓物件固定不動。

先買哪一種端銑刀呢？

如果想為木頭和塑膠的材料物色端銑刀組，不妨考慮下列一些碳化刀，直徑¼" 至 ⅛" 不等：

- 兩溝槽下切式和上切式端銑刀（適合硬板和夾板）
- 兩個或四個溝槽的圓頭端銑刀（適合3D輪廓切割）
- 一個或零溝槽的端銑刀（適合HDPE塑膠和壓克力）
- 60度或90度的V型端銑刀（適合切割硬木招牌）

為你的專題和材料挑選合適的工具，品質就會突飛猛進，你花在手工修整的時間也會減少。

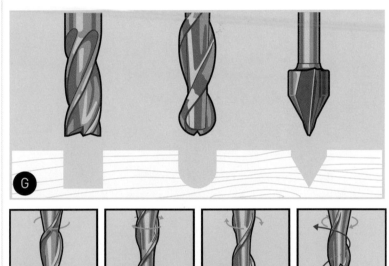

G

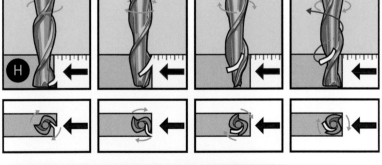

H

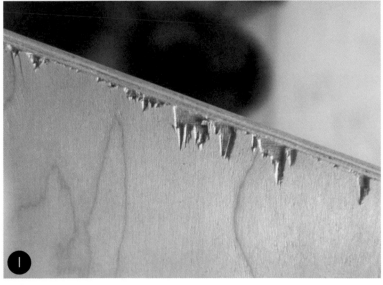

I

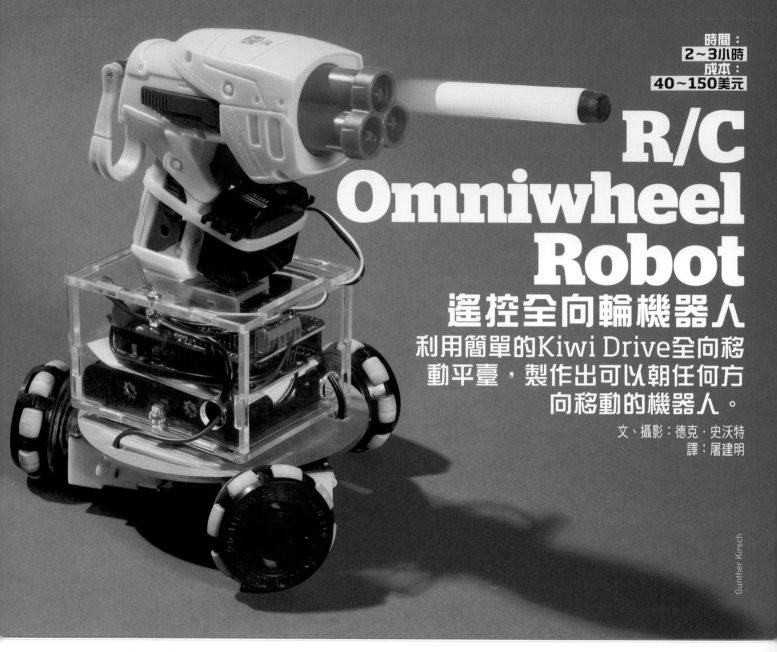

時間：
2～3小時
成本：
40～150美元

R/C
Omniwheel
Robot

遙控全向輪機器人

利用簡單的Kiwi Drive全向移
動平臺，製作出可以朝任何方
向移動的機器人。

文、攝影：德克·史沃特
譯：屠建明

Gunther Kirsch

德克·史沃特
Dirk Swart

是電子套件製造商 Wicked
Device 有限公司的共同創
辦人之一。

一臺可以立即朝任何方向移動的機器人，很適合在狹窄的空間中進行追逐或逃跑。不管遙控車的速度有多快，都沒有辦法追上會隨時往任何方向移動的物體，尤其是橫向的移動，一般的輪型機器人無法橫向移動，但全向輪機器人可以！全向輪是一種胎面附有小輪子的輪胎，商業上大多用於生產線的輸送臺，這也代表它們很便宜又很好用。在這個專題中，我們會用它來製作 Kiwi Drive機器人平臺——設計出一臺可以往任何方向前進的三輪機器人。它有著令人著迷的移動方式，甚至可以在前進的同時進行旋轉，因此也很適合設計成砲臺。

如果有一種機器人可以即時朝任何方向移動，便稱為「全向（holonomic）」。像是汽車這一類的車輛，因為與地面接觸的車輪僅有兩個自由度，所以無法直接朝車輪垂直的方向前進，故不可稱為「全向」。

全向輪可以朝垂直車輪軸心的方向移動，所以你可以用任何方向將它們安裝在車身上，只要加入一點數學概念就能讓機器人直線前進（這也就是為什麼需要使用微控制器的原因）。但就同如大部分的工程設計一樣，還是有些折衷的做法，因

2a

此我們不會考慮駕駛全向輪汽車，因為速度通常較慢又容易受到砂塵的影響，並具有較低的載重量（像這個專題中所用的輪子只能承受數磅的重量），而且移動的效率較低落。但是在狹窄的空間中就很適合使用這類輪子，而且充滿樂趣！

我們所做的全向輪機器人採用Arduino微控制器、新款的馬達擴充板和標準遙控齒輪組，只要接起來就能直接用。

> **註釋：** 使用直流馬達的話，並沒有正極（＋）和負極（－）的分別，但請確保三顆馬達採用同樣的接法，否則會因為其中一顆馬達反轉而讓機器人原地轉圈。

1. 焊接電線與馬達

先分別把馬達接上電池盒進行測試（只要把電線稍微纏上去即可），確保輪子可以轉動順暢。馬達的端子很脆弱，所以直到固定前都要特別小心。

2. 接上車輪

依照wheel1.svg模板切出⅛"（0.118"）的壓克力碟片，並把它們用強力膠黏在一起，把較大的碟片黏到全向輪上，較小的碟片則直接黏到馬達上（圖2a、圖2b）。

3. 安裝馬達

用雙面膠把馬達固定到平臺上，依照模板base.svg確認馬達的軸心間隔為120°，接著用熱熔膠固定每一對電線（圖3）。

4. 安排馬達電線

在平臺上鑽3個孔洞讓馬達電線穿過，注意鑽孔時平臺會往鑽頭上面跑，所以要記得把它壓好。

完成後，先把電線穿過孔洞，並再接上電池盒測試馬達（圖4）。

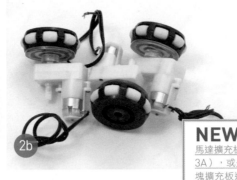
2b

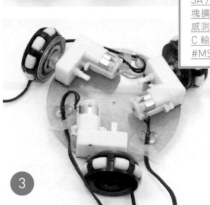
3

4

5. 裝上電子元件

把平臺翻過來，讓馬達在下方，然後依序裝上電池盒、絕緣用的紙或塑膠、Arduino和馬達擴充板。我在Arduino下方裝了幾根橡膠支架，但用雙面膠也行。

先確定馬達擴充板是關閉的狀態，再接上電池盒的正負極，並把馬達接到擴充板的M1、M2與M3腳位（圖5）。

6. 裝上接收器

先依照製造商的說明來配對你的遙控接收器和發射器，將接收器上的遙控伺服導線接到馬

材料

» **Arduino Uno 開發板**，Maker Shed 網站商品編號 #MKSP99，makershed.com。
» **Make: Arduino 馬達擴充板**，Maker Shed 網站商品編號 #MSMOT01。

> **NEW!** 這塊與 WICKED DEVICE 共同開發的新款馬達擴充板，可以控制 4 顆直流馬達（電流範圍：1.2A～3A），或是 2 顆步進馬達或 6 顆伺服機。除此之外，這塊擴充板還具有電流偵測功能，因此你可以將馬達當成感測器來使用，同時也能接受一般無線控制齒輪組的 R/C 輸入。無須焊接，MAKER SHED 的網站商品編號為 #MSMOT01。

» **直徑 2" 全向輪（3）**，我用的是 Transwheels 2000 型的聚丙烯橡膠輪，kornylak.com 網站商品編號 #2051（一般的尼龍輪胎太滑）。可以到 Wicked Device 進行小量訂購，網站商品編號 #TRANSWHEEL1。
» **電池盒，4×AA 或 6×AA**
» **遙控發射模組**，像 OrangeRX DMS2/DSMX 就是不錯的選擇，因為它剛好可以裝進 Turnigy TGY-9X 這類搖控器中。
» **遙控接收模組**，像 OrangeRx R615 Spektrum/JR DSM2，售價約 6 美元，而且可提供不錯的遙控效果。
» **齒輪馬達，5V DC（3）**，Wicked Device 網站商品編號 #MOTO1，wickeddevice.com。若想要扭力更大的 12V 馬達，可以選用 Jameco 網站商品編號 #159418 的馬達。
» **遙控伺服導線**，或 Wicked Device 網站商品編號 #FLICKCABLE。
» **全向輪平臺和硬體**，可選用 Wicked Device 網站商品編號 #OMNI1 的套件組（含輪胎），或者你自己裁剪平臺（6" 的圓形或三角形）和用來固定馬達與全向輪的壓克力碟（⅛" 或 0.118"）。
» **線規 22 的實心銅線**，紅色和黑色的絕緣外皮。

額外的外殼：
» **壓克力板**，公制厚度 ⅛"（0.118"），大小約 12"×24"
» **機械螺絲，M3×10mm**，含螺帽（4）

工具

» **烙鐵及焊錫**
» **小型十字起子**
» **強力膠或環氧樹脂**
» **雙面膠**，Scotch 強力膠帶會是個不錯的選擇。
» **熱熔膠槍**
» **裝有 Arduino IDE 的電腦**，可至 arduino.cc 免費下載。
» **專案程式碼**，可以到 github.com/WickedDevice/OmniWheelControl 下載 OmniWheelControl.ino 的草稿碼。
» **雷射切割機（非必要）**

5

6

8a

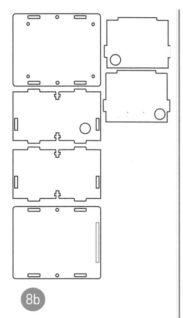

8b

達擴充板的 2 RC_IN 腳位上。我使用腳位為遙控接收器上的舵（RUDD）和副翼（AILE），以便對應於配有左手搖桿的發射器（圖6）。

7. 編寫 Arduino 程式

用USB傳輸線連接Arduino與電腦，並從makezine.com/projects/kiwi下載草稿碼OmniWheelControl.ino並使用Arduino IDE開啟，再按下箭頭按鈕把它上傳到開發板中。

請 先 到github.com/WickedDevice/WickedMotorShield上下載你會需要用到馬達擴充板函式庫，接著從sketch→Import Library，將函式庫匯入Arduino IDE中。

小訣竅：

移除接線時，並不需要把它整組拆掉，因為這類接線體積小又容易弄丟。只要拔除一端的接腳，讓它掛著，就能做到切斷接點，也能讓你在需要重設時隨時使用接線。

8. 加上外殼（非必要）

外殼可以用任何你覺得好看的材料來做，在makezine.com/projects/kiwi上可以找到運用雷射切割的 1/8"（0.118"）壓克力外殼，尺寸剛好可以裝入6×AA電池盒、Arduino、馬達擴充板和遙控接收器（圖8a、圖8b）。

9. 試車囉！

馬達擴充板有兩條重要的接線需要注意，一條是BEC，用來供給無線電接收器電源，讓你可以不用再外接電源。另一條則是EXT，以供應電源給Arduino，在這專題中即是電池盒，並且確認兩條接線都有接好，也有裝上新電池。

KIWI DRIVE解密

因為機器人的三個輪子都朝不同的方向，那到底該如何讓它直線前進呢？這需要一點複雜的計算，所以要有電腦才能進行控制。Arduino 的草稿碼會把無線電控制訊號轉換成每顆馬達的動力訊號，可是它是怎麼做到的呢？

1. 無線電控制訊號與脈衝寬度調變（PWM）訊號類似，但不完全一樣。遙控發射器會發出單一脈衝訊號，而 Arduino 可以使用數位接腳 4（右側遙控輸入 1）和數位接腳 8（左側遙控輸入 2，接近其他接線）進行讀取。

2. Arduino 再用 PulseIn 指令把搖控訊號轉換成 PWM 訊號。

3. 最後，Arduino 的草稿碼會用向量數學公式把馬達訊號的單一向量（A 至 B）分成三個輪子的向量（w1、w2 和 w3）。Arduino 會不停進行這些運算，一直把新的訊號傳給馬達，讓機器人前進。想知道更多 Kiwi Drive 運算的話，可以參考 makezine.com/projects/kiwi 的專題頁面。

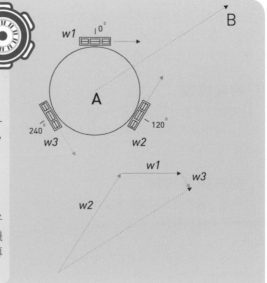

馬達擴充板上的開關可以控制馬達啟動與否，你可以先在桌上進行測試，如果不會突然衝出去就可以了。現在你就可以啟動電源，並開啟發射器移動搖桿，若一切正常，你便做出一臺遙控全向機器人了！

> **註釋：** 不操作機器人時，你可以把電源接線拔除並關閉馬達電源來節省電力。（我在 MAKER FAIRE 時用了 4 顆金頂電池讓它連續運轉 6 個小時，所以效率還算不錯。）

更進一步

當你開著機器人四處繞繞之後，大概會發現有點難區分頭尾，簡單的做法是畫上箭頭、貼上臉譜或其他加裝顯明的裝飾。

想要更多挑戰的話，可以在上面加裝一把 Nerf 玩具槍，而且它可以不用轉向就進行「掃射」，所以可以從掩護中衝出來射擊，再快速地躲回去，扳機只要用伺服機控制即可。

試著加裝攝影機來進行偵查、第一人稱控制或當做遠距偵察機器人，也可以製作兩臺 Kiwi 機器人來玩雷射射擊或機器人足球。

最後，我們來談談如何擴大 Kiwi Drive 的應用層面，程式碼和演算法可以支援任何尺寸的載具，而較大的全向輪（如 Kornylak RW27）一組三個就能輕鬆支撐一個人的重量。做成遙控移動吧臺椅似乎不錯，對不對？ ◉

你可以在 makezine.com/projects/kiwi 下載模板和程式碼，並分享你所製作的全向機器人，還可以找到更多關於全向輪控制的資訊。
主題標籤：*#makeprojects*

殺手Kiwi

MAKE: 的馬達擴充板和 Kiwi Drive 機器人還能拿來做什麼呢？試試這些點子，並到 makezine.com/projects/kiwi 分享你的創意吧。

雷射戰鬥機器人

一根遙控搖桿用來駕駛，另一根則用來旋轉，就像第一人稱射擊遊戲一樣。你可以在每臺機器人上加裝雷射筆和光線感測器，並且用一小段管子包覆，讓它只偵測到直接命中的雷射。

「邪惡博士」的旋轉椅

使用大型的全向輪、12 V 馬達和大尺寸的遙控搖桿，藉此打造出可以旋轉的壞蛋寶座（也可以像原版那樣讓它隨機旋轉）。程式碼和演算法可以支援任何尺寸的載具，而較大的全向輪（如 Kornylak RW27）每顆就可以乘載 200 磅的重量。

球上平衡機器人

用無刷直流馬達再加上陀螺儀設計出可以往任何方向移動，又能同時在一顆球上平衡的機器人。再用 1 個多餘的直流馬達接腳和 6 個伺服機接腳可以讓你設計出額外功能，說不定可以讓它像星際大戰裡的 R2 幫赫特人賈巴送飲料。

逗貓機器人

用基本款的 Kiwi 機器人來追貓，再把雷射筆加裝到雙伺服機平臺，讓貓咪也有東西可以追。

現代動態吊飾

Make a Modern MOBILE

用轉環和鉛錘替這個現代設計
加上彈性和穩定度。

文、攝影：馬可・馬勒　譯：屠建明

馬可・馬勒
Marco Mahler
是專門製作動態吊
飾的雕塑家，在14
年的製作經驗中，
他設計製造許多零
售吊飾、大型客製
化吊飾與3D列印吊
飾，目前現居在維
吉尼亞州里奇蒙。

現代吊飾的發明人亞歷山大·考爾德（Alexander Calder）利用鋼絲和金屬片做出他的經典作品，我做的這個吊飾是參考20世紀中期考爾德的現代吊飾作品而設計的，但我希望能設計得更有現代感一點。

傳統的吊飾大多用「勾環（hook into loop）」相連，這會限制吊飾的動作。但我的吊飾則是採用轉環，讓每個獨立的部位都能完整地旋轉一圈。

它還有一個鉛錘，除了可讓平衡支點有更多的彈性，也能讓你製作起來更簡單。鉛錘也可增加穩定度，使其更適合掛在風大或室外的地點。

完成後的高度和寬度大約都是30"（75cm），適合掛在一般大小的房間裡。

請先從底部開始製作吊飾，因為上方零件的平衡取決於下方零件的重量，像這樣附有重量的吊飾可以讓你的平衡點獲得相當高的彈性，你也可以上下調整由平衡點延伸出來的懸臂角度。

1. 製作翼片形狀

請到makezine.com/calder-mobile下載並印出翼片模板，再把翼片形狀修剪出來（圖1a）。用乾式或濕式白板筆在金屬片上描出形狀，並標上鑽孔位置，再用金屬片剪刀將它們剪下來（圖1b），最後使用 5/64" 鑽頭鑽出每個翼片上標出的兩個孔（圖1c）。

2. 壓平並修整

把每個翼片的邊緣用榔頭敲平，可以用手或動力打磨工具把邊緣磨平。

小訣竅：另一種便宜的做法便是找一個磨砂鑽頭，一手把鑽頭平壓在桌面上，另一手拿切割好的金屬片在旋轉的磨砂鑽頭上移動。

3. 準備天花板掛勾

用尖嘴鉗剪下2"長的鋼絲，並把它彎成一個鉤子，造型不用太華麗，簡單的S型就可以了（圖3）。

在天花板找一個鉤子、螺絲或釘子，沒有的話可以自己裝一個，再綁上釣魚線，並把鋼絲鉤子固定在釣魚線上容易處理的高度。

4. 製作懸臂

剪下一段12"長的鋼絲並把它拉直，我的做法是兩手各別握住鋼絲兩端，其中一隻手伸出拇指往下壓，同時另一隻手則往反向拉扯。不用把整條鋼絲拉成完美的直線，因為之後還要再彎曲，

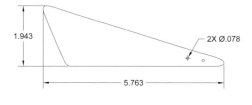

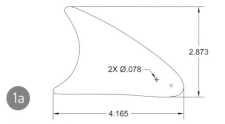

1.943　5.763　2X Ø.078

2.873　4.165　2X Ø.078

1a

1b

1c

2

3

時間：
½〜1天
成本：
40〜90美元

材料

» 線規16號（0.05"）鋼絲，總長約6'〜8'
» 規格26號（0.022"）金屬片，大小至少 7"×12"
» 鉤子、螺絲或釘子：吊掛用。
» 釣魚鉛錘，6oz
» 7號釣魚轉環（5）
» 單絲釣魚線
» 油漆（非必要）

工具

» 尖嘴鉗
» 金屬片剪刀
» 電鑽和 5/64" 鑽頭
» 榔頭
» 砂輪機、砂紙或磨砂鑽頭
» 乾式或濕式白板筆
» 剪刀

註釋： 若要製作比較堅固或掛於室外的吊飾，可以採用較粗的線規14號鋼絲並使用 3/32"（2.4MM）的鑽頭。

註釋： 我比較喜歡三件式釣魚轉環的簡單外形，你可以在釣具店、體育用品或折扣商店買到它們。我喜歡用球型的釣魚鉛錘來搭配吊飾，但你用重量大約6盎司的物品來代替也行。

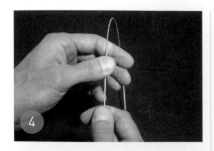

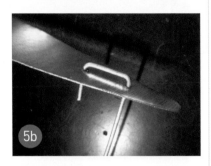

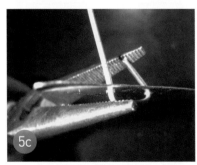

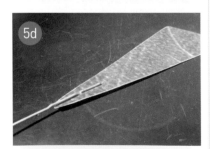

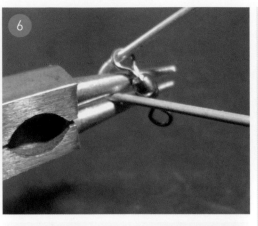

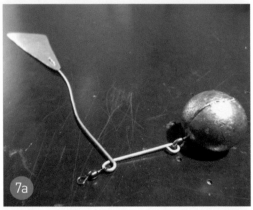

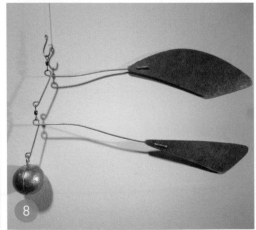

但還是需要有一端是直的，好用來勾住金屬片。

彎曲的鋼絲末端可能很難拉直，因此可以直接剪掉。

5. 接上翼片

接著，做出可以穿過第一個翼片上兩個孔洞的鉤子（圖5a、圖5b）。

把拉直的鋼絲放到洞旁，並用鉗子將鋼絲折彎90度，若要讓折彎的尺寸剛好符合孔洞可能需要嘗試個幾次（圖5c）。

把鋼絲穿進翼片中再用鉗子把較長和較短的鋼線兩端往外折，使其貼齊金屬片（圖5d、圖5e）。注意不要過度擠壓鋼絲，否則會讓金屬片變彎。並不需要完全貼平，只要鋼絲能固定住金屬片就好，這樣一來，你便完成附有翼片的吊飾懸臂了。

6. 裝上轉環

從翼片邊緣算起量出4"長的鋼絲，用鉗子夾住鋼絲，將鋼絲穿過轉環，再把鋼絲稍微折彎超過270度，藉此將轉環固定在一個圓圈中。

從那個圓圈開始量出2"長的距離，再剪去剩餘的鋼絲。

7. 掛上鉛錘

把鋼絲穿過6盎司釣魚鉛錘的孔，並用一個圓圈將其固定住，這樣你就完成吊飾的第一部分了。你可以用步驟3中所做的鉤子把它掛起來，若需要的話，可以調整鋼絲彎曲的角度，讓附有翼片的懸臂可以水平朝外延伸（圖7a、圖7b）。

8. 重複上述步驟並組裝

重複步驟4到步驟6來處理剩下5個翼片：拉直鋼絲、裝上翼片、串上轉環並用圓圈固定，

預留2"長的鋼絲，再把鋼絲穿到前一個轉環剩餘的孔上。

從翼片到平衡點圓圈的懸臂長度可以不一樣，以我的吊飾為例，懸臂長度從最低處到最高處分別是4"、3"、10"、5½"、8½"和13"，但每條懸臂間大約都相距2"長。

你可以自己設定從翼片延伸的懸臂長度，但是由圓圈連接下方翼片的另一條懸臂的長度至少要為1¾"～2"。如果太短，就沒有足夠的下拉重力來保持翼片的平衡。

完成剩餘的6個部分之後，你可以依照你喜歡的樣子稍微彎曲一下每條懸臂，或是做成像照片中的樣子。

9. 上漆（非必要）

可以用刷子及噴漆替吊飾上色，或是選擇粉末塗層處理，但用粉末塗層處理的話，不論金屬片的體積，每個顏色一律要價不低於75美元，大部分粉末塗層公司的基本費用就是如此。

建議可以先用砂紙打磨表面，讓油漆更容易附著。如果要徹底一點，可以先上底漆，我所用的是Insl-X Stix水性黏著底漆，價格大約每夸脫20美元。

使用油漆刷上漆時，我通常會把吊飾吊掛起來。建議上2或3層薄漆，而不是塗1或2層厚漆。因為如果一次上太多漆，會容易聚集在翼片下方，看起來會很醜。

進行噴漆時，我會把吊飾放在紙板或報紙上，在鋼絲連接金屬片的地方貼上遮蔽膠帶，再用紙板或其他東西把懸臂架成水平。先噴翼片的其中一面，等它乾燥，再把吊飾翻過來，架起懸臂噴翼片的另一面。最後，等兩面都乾燥後撕下遮蔽膠帶便完成了！

更進一步

在學會製作基礎的吊飾後，可以參考其他的結構，試著設計它們。說不定可以創造全新的吊飾結構和風格。吊飾的歷史還不到100年，算是一門很新的藝術，所以還有很多風格和可能性等著你來探索！ ◗

在makezine.com/calder-mobile分享你的吊飾照片。
主題標籤：**#makeprojects**

熔絲小提琴

Fused Filament
Fiddle

演奏由3D列印技術
所製成的電子小提琴。

文：大衛·派瑞　譯：Madison

大衛·派瑞
David Perry

是奧勒岡波特蘭「OpenFab
PDX」顧問公司的老闆和工程
師，該公司負責提供數位設計
和製作服務，包含CAD設計與
行銷企劃，還有以3D印表機為
主題的生日派對。當他沒有在
設計自動控制裝置的作品時，
則會騎著自行車順便思考還能
列印出什麼東西。

　　**熔絲小提琴的尺寸與實際的電
子小提琴一模一樣，**先用歐特克
（Autodesk）的「Fusion 360」軟
體進行設計，再透過3D印表機以
熔絲製造技術（fused-filament
fabrication，FFF）使其成形。所有
的零件在列印時都不需要用到支撐材，
最後的成品便是一把功能完整，並且能
夠演奏的小提琴！

　　目前的實體模型為第七代，而第八
代則在設計中。每一代的模型都有實
際演奏以測試並改善音質，為了讓每
一代的小提琴都變得更好拉，所以我
仍持續在進行修改。到目前為止，音
質聽起來還不錯，已經準備好讓其他
人試試看了！

　　以下是製作教學，而在openfabpdx.com/
fffiddle上也可以找到此專題的更新進度。

1. 準備 3D 列印零件

　　到thingiverse.com/thing:219040下　載
STL檔並用3D印表機將這些零件印出來：琴
身（3個薄殼、填充率10％以上）、琴頸（3
個薄殼、填充率
10％以上）和琴
橋（2個薄殼、填
充率5％以上）。

　　如果你沒有3D
印表機，可以與
我訂購現成的零

建議切片設定：

» 層高0.20mm
» 填充率10％
» 殼數3
» 模型頂面和底面層數3

時間：
列印時間
12~22小時
組裝：
3~6小時
成本：
250~300美元

件。你也可以把檔案寄給3D列印店，請他們印好再寄給你，關於這部分請參考：makezine.com/where-to-get-digital-fabrication-tool-access。

2. 切割琴衍螺桿

　　如果你手邊沒有現成的螺桿，可以把 $5/16$" 螺桿切割成355mm長，長度誤差 +/-2mm。我使用真美牌（Dremel）的碳纖維切割工具來打磨螺桿末端，使其不會過於銳利。不過仍要保留一部分末端，讓螺桿可以穿過塑料，並記得將毛邊磨平。

> **注意：** 在切割和清理零件時務必配戴護目鏡。

3. 裝入琴衍螺桿

　　把螺桿插入琴身和琴頸中，不需要將整條螺桿穿出，只要稍微施加壓力讓螺桿與插孔密合即可（圖3）。

　　如果不是裝得非常密合，可能會使小提琴因用久而變形，但我不建議重新列印，可以用一些環氧樹脂來加強螺桿的固定程度。

　　一旦螺桿裝得太緊（假設是榔頭敲擊後），有可能會造成零件裂開——我就碰過這樣的問題。你可以將琴頸的頂端用來放置螺帽的地方鑽開，以確保零件在裝設螺桿不至於裂開，如果螺桿還是裝不進去，你可以把琴身那端也鑽開。

> **註釋：** 如果琴身和琴頸上的插孔太小或太大，你可能就需要重新列印了，而提早在組裝時發現這個問題也是件好事。

4. 清理零件與去除毛邊

　　戴上護目鏡，用平銼、去毛邊工具和筆刀來除去列印零件上的支撐材（如果有使用的話）。先不用急著處理琴頸，之後還會有時間針對這部

材料
- » 3D 列印的小提琴琴身、琴頸和琴橋，見第1步
- » 螺桿，直徑 $5/16$"，長度355mm
- » Gotoh Stealth 調音弦軸（4），左右各兩顆。
- » 小提琴弦，尺寸 4/4
- » K&K Twin Spot 雙頭壓電傳輸拾音器
- » $1/4$" 單聲道音源插孔
- » 內六角螺絲 #8-32×$1½$"（2）
- » 內六角螺絲 #8-32×1"（2）
- » 螺帽 #8-32（4）
- » 熱縮套管，多準備幾個尺寸

工具
- » 尖嘴鉗
- » 一般銼刀和小型三角銼刀
- » 除毛邊工具，建議選擇比刀子更安全好用的工具。
- » 筆刀
- » 小型螺絲起子：十字與一字
- » 斜口鉗／剝線鉗
- » 砂紙，號數 220 ~ 600
- » 焊接工具
- » 內六角扳手 $9/64$"
- » 護目鏡
- » 高速切割工具，用來切割螺桿。
- » 電鑽與 $5/16$" 鑽頭
- » 游標卡尺和麥克筆
- » 3D 印表機（非必要）

分。如果你的3D印表機印得夠精細，可能就不需要花太多功夫在這邊。

　　小心地除去音源插孔附近的支撐材，以及垂下的塑料（圖4）。

5. 安裝螺桿

　　把螺桿裝到琴身中（圖5a和圖5b），這可說是所有步驟中最困難的一個！

　　接著，用螺桿來連接琴身和琴頸，螺桿應該會延伸至安裝螺帽處（琴頸頂部突出部分），些微過長或過短還是可以接受的範圍（圖5c）。

6. 鎖緊琴身和琴頸

　　列印的零件可能會因加熱而彎曲，導致琴頸和

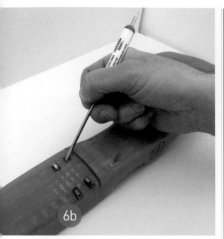

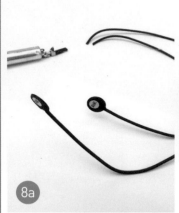

琴身可能無法完美接合（圖6a），但這並沒有關係。

放入4個8-32螺帽，用小螺絲起子推到底（圖6b）。

安裝內六角螺絲，1½"的螺絲裝在上方，1"的則裝在下方，此時只要輕鎖螺絲使其固定即可。

接著可以用六角扳手較短的那一端小心地將它們轉緊，你應該會聽到塑膠發出咯咯聲，但不可緊到導致塑膠裂開（圖6c）。

> **小祕訣：** 以X形順序來鎖螺絲，可以鎖得比較平均且穩固。

現在琴身跟琴頸應該已經順利裝好了！

7. 安裝調音弦軸

熔絲小提琴的CAD檔中包含了安裝Gotoh Stealth調音弦栓的埋頭孔，這些埋頭孔並非必要，但有的話可以讓琴看起來更美觀，並可保護塑膠避免弦軸長時間拉扯導致其變鬆。如果需要的話，可以用5/16"鑽頭來鑽埋頭孔，但要小心不要整個鑽過去。

將弦軸裝入埋頭孔時，請用手指大力壓入（圖7a）。

弦軸一包有6個，左右邊各3個，並設計成讓你都能以順時鐘來旋緊琴弦。你將會在左右兩邊各用2個弦軸，將它們裝上去（圖7b），記下調音弦軸與琴身的相對轉動方向。先將它們全部取下，請記得不要搞混它

們的位置與轉動方向。

用隨附的螺絲把弦軸逐一裝上，先將螺絲稍微鎖入一半，之後再平均地鎖緊，直到弦軸和琴身之間沒有可搖動的空間即可，並再次確認弦軸轉動的方向。

8. 準備拾音器

不管你用的室內建或外接的K-Spot雙頭拾音器，都需要先剪掉原先的插頭。再將塑膠外殼拆除（外接版本），從距離接點約½"的地方將導線剪斷（圖8a）。先把原廠插頭放一邊，待會需拿來比對參考。

試著把拾音器放在琴身上的位置中，看看是否吻合（圖8b）。如果需要的話，可以用小銼刀或刀片稍微打磨這個位置。

9. 安裝拾音器

把琴橋部位用銼刀和筆刀清乾淨，因為琴橋必須要靠在壓電拾音器上。

把拾音器導線穿入內部的導線通道，再從琴身放置插孔的位置穿出（圖9）。

10. 焊接音源插孔

把多餘的拾音器導線修剪至3"長，小心地剝掉約1"的外皮，儘量不要剪到接地的細銅線。

接著剝掉約½"長的白色電線護套（導線），先把導線捲在一起，再將接地線捲在一起，最後用一個粗的熱縮套管把所有的線套起來（圖10a）。

先用細的熱縮套管包住接地線，所獲得的效果會跟護套一樣，之後再套上一個較粗的熱縮套管，它將會蓋住音源插孔的接頭，並同樣用粗熱縮套管包住導線（圖10b）。

音源插孔上有兩個接頭，先把導線焊到夾在

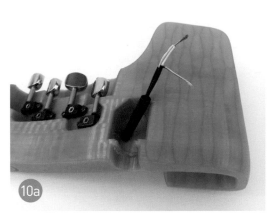

10a

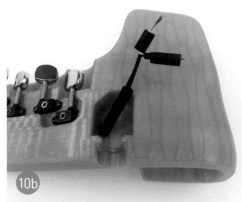

10b

10c

絕緣層之間的接頭上，再把接地線焊到另一個接頭上（如果你不確定，可以參考你之前剪掉的接頭）。最後用熱縮套管將焊接處包起來以提供絕緣效果（圖10c）。

把插孔塞進琴身上的空間裡，盡可能把六角螺帽鎖緊——用尖嘴鉗或小螺絲起子固定住螺帽來旋轉插孔（圖10d）這個動作並不是很好操作，所以這部分還需要改進！

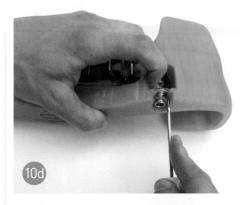

10d

11

11. 微調琴頸

如果想要的話，現在可以打磨你的琴頸，磨過跟沒磨過的琴我都拉過——但磨過比較好。深色的零件打磨後要徹底清潔乾淨，可考慮用少量的植物油讓零件恢復光澤。

用挫刀稍微在琴橋上修出弦枕（圖11），G弦和E弦之間距離應是16mm，A弦和D弦只要對齊即可。我喜歡在修弦枕之前用麥克筆先標出位置，輕輕地修就好，如果弦枕太深可能還需要用一些環氧樹脂，才能調整出比較好的手感。

12. 安裝琴弦

小提琴每根弦有不同顏色：（從粗到細）紅色是G弦，黃色是D弦，黑色是A弦，綠色是E弦。把弦穿過琴頸，讓弦的球端靠在琴頸上。裝E弦時要注意，如果尖端過長的話就再繞一圈，使其不會戳到演奏者（圖12）。

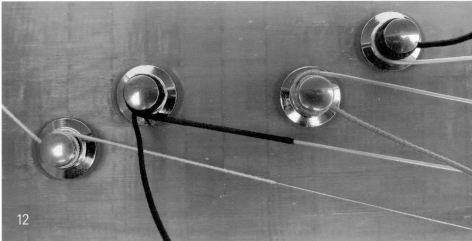

12

重要：由於弦的纏繞方向是交錯的，這個設計會使得每個旋鈕朝順時針轉時都會把弦轉緊。我為了要把方向弄對也是重心纏了好幾次，所以你弄錯了也不必擔心，多試幾次就行了！

如何裝上小提琴弦：

A. 把琴弦有包覆布料的那一端穿進調音弦軸的孔中，並留下足夠讓弦軸轉兩圈以上的長度。

B. 抓住弦的中央（非弦的末端），把弦繞著弦軸轉一圈，使其壓住穿過的部分。

C. 纏繞第二圈時則要與第一圈的部分交疊，這樣可以確保弦具有足夠的張力。

D. 現在的弦已經很緊無法直接用手纏繞，因此可以順時針轉動調音弦軸將其拉至適當的緊度，而且不會鬆鬆的。

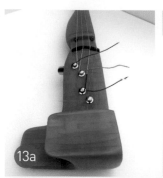

13a

13b 33.99

14

3個好玩的 3D列印作品

文：艾瑞克・朱
譯：Madison

1

2

3

13. 安裝琴橋

把琴橋放在弦的下方（圖13a），確保拾音器的擺放位置，琴橋則剛好在兩個拾音器上方。

讓弦跨過琴橋，使距離最遠的兩條弦間隔為34mm（圖13b）。

跟剛剛弦枕的處理方式一樣，輕輕在琴橋上修出放弦的凹槽。

14. 調音

現在可以開始調音了（圖14），把所有的弦都轉緊後再一起調音，不要一次調一根。記得緩慢地轉動弦軸增加弦的張力，因為如果轉太快，弦可能會滑掉或斷掉。

調音時，你會發現一根弦的張力也會影響其他弦的張力。這是因為3D列印的小提琴比木質小提琴更有彈性，所以效果才會這麼明顯。

調好音且一切正常後，就可以剪掉多餘的弦，插上電試著開始拉一些旋律吧！ ◉

到在makezine.com/fffiddle有更多的照片與影片，或是跟我們分享你的作品吧。

主題標籤：*#makeprojects*

1.3D列印PCB焊接夾具
作者：LEFABSHOP
THINGIVERSE.COM/THING:21357
這個焊接夾具擁有球型接頭，讓你可以在進行焊接工作時夾住PCB板並自由旋轉，所有部件都是3D列印製成──不需要額外製作其他硬體！

2.風扇葉片
作者：CREATIVETOOLS
THINGIVERSE.COM/THING:186979
3D印表機的風扇葉片壞了真的很麻煩，現在你可以不用換掉整個風扇，只要把葉片拆下來，印一個新的葉片，還能幫你的印表機增加新配色。

3.兩室旋轉收納盒
作者：WALTER
THINGIVERSE.COM/THING:321827
這個迷你收納盒共有三個部件，藉由摩擦力使其密合固定，不需要使用額外的螺絲，很適合用來收納螺絲、珠子和電阻等小東西。

束帶休閒椅
The Zip Tie Lounge Chair

文、圖:威爾·霍曼 譯:Madison

用44條束帶和半塊合板組成的簡單休閒椅,很適合到處旅遊的自造者。

Will Holman

時間:
數小時
成本:
少於50美元

威爾·霍曼
Will Holman

是 一 位 設 計 師 與 工 匠 , 也 是 Robert W. Deutsch Foundatio 的成員,試著將新一代的自造者經濟引入巴爾的摩,目前他正在撰寫一本如何用報廢材料製作家具的書。(objectguerilla.com)

材料
» 合板,厚度 ¾",尺寸 4'×4'
» 束帶(44),強度 50 磅
» 木頭漆

工具
» CNC 切割機,車床尺寸至少
  4'×4'
» ¼" 上切式立銑刀
» 手鋸
» 圓形砂磨機
» 砂磨塊

使用蒸氣折彎木頭最有名的例子,便是麥克·索耐特(Michael Thonet)在1859年所做的14號椅,可說是第一套組裝式家具組。在當時的歐洲蔚為風潮,成為有史以來最受歡迎的椅子。

CNC切割機讓我們可以做得比索耐特更多——不只是販賣,而是分享如何製作一張椅子。利用新的數位工具,我花6個月的時間來設計並製作束帶休閒椅,讓它成為四海為家自造者們的低調客廳必備品。拆裝只要幾分鐘,花費甚至不到50美元。

1. 準備檔案

到OpenDesk網站(opendesk.cc/designers/will-holman)下載檔案和組裝說明,用你偏好的電腦輔助製造(CAM)軟體將DXF檔轉成刀具路徑。刀具路徑格式對應如下:
» 綠色:鑽孔刀具路徑。
» 青色:口袋刀具路徑,切於向量上,深度 ³⁄₁₆"。
» 紅色:輪廓刀具路徑,在向量外切穿材料。每一個零件至少需要三個連接處以利固定。

2. 切割

用螺絲把合板固定在廢木板上,請注意圖檔留有 1¼" 的邊緣來鎖上螺絲。選擇你的工具,我選擇¼" 的上切式立銑刀,接著定位X軸和Y軸,待Z軸校正完畢後即可開始切割刀具路徑。

3. 修飾

用手鋸把連接處切斷,再拿圓形打磨機針對表面進行處理,再用砂磨塊把邊緣修圓。接著可以噴上你喜歡的表面漆——我用的是礦物油和柑橘類石蠟,比較環保。

4. 組裝

將束帶穿過扶手與側邊支架上的孔洞並拉緊,再用同樣的方式固定側邊支架和前後椅腳,以做出方形底座。

把三塊方形合板由大到小用束帶接在一起組成座椅,但束帶不要拉太緊,保留一點類似吊床的活動空間。

把座椅頭尾兩塊中間處接到底座上,這部分有點麻煩,但能幫助你把椅架往外靠,因此你在綁束帶時不需支撐其重量。最後,把束帶多餘的尾端剪掉,加上一塊泡棉露營墊來提高舒適度。⊘

在www.makezine.com.tw/make2599131456/152上可以找到組裝圖和更多的照片。

主題標籤:#makeprojects

PROJECTS

Gunther Kirsch

臉部辨識保險箱
Face Recognition Treasure Safe

用Raspberry Pi、攝影機和免費軟體打造出只有偵測到你的臉才會打開的保險箱。

文、圖：東尼・迪可拉、大衛・斯海爾特馬　譯：Madison

東尼・迪可拉
Tony DiCola
是 Adafruit 的工程師，喜歡用 Arduino、Raspberry Pi 和其他嵌入式平臺來開發物品。

大衛・斯海爾特馬
David Scheltema
喜歡製作電子專題與撰寫相關文章，他平常則在《MAKE》擔任技術編輯並製作專題。

不用密碼與鑰匙就能保護你的貴重物品，你的臉就是開啟保險箱的鑰匙！

這個專題將教你DIY玩家也能運用臉部辨識技術打造出保全公司和政府規格的保險箱，軟體則是開放原始碼的OpenCV函式庫演算法。Raspberry Pi簡直是完美的平臺，因為它能夠執行OpenCV，而且體積夠小，可以放進幾乎任何地方。

我們將用伺服機來控制玩具保險箱的鎖頭，並將你的大頭照或是其他臉部照片匯入Raspberry Pi中，讓保險箱可以進行臉部辨識以便開啟或關閉。

1. 把 Raspberry Pi 固定在門上

鑽一個 1/8" 的孔，用螺絲、隔離柱和螺帽將 Raspberry Pi 固定在門上（圖1）。

2. 接上伺服臂組

折彎或切掉鎖頭上突出的部分，使其可以自由轉動，再切掉伺服機的旋臂，並用熱熔膠黏在鎖頭的中心。

3. 製作伺服機支架

切一片 1 1/2"×8" 的鐵片，在中間挖出一個長方形空間，使其可以套在伺服機上，再用銼刀打磨邊緣。

測試支架能否套在伺服機和旋臂上，把支架照著鎖的上下緣折彎，並在兩端各鑽一個 1/8" 的孔。

4. 固定伺服機

在門上畫出支架孔的位置，再鑽出 1/8" 的孔，接著在支架上鑽四個 1/8" 的孔，用束帶將伺服機固定在支架上（圖4），最後再用鉚釘把支架固定在保險箱的門上。

5. 安裝攝影機和按鈕

在門上鑽一個 1/4" 的孔，用方形銼刀打磨孔洞好讓攝影機鏡頭可以放進去（圖5）。

再用雙面膠固定攝影機電路板，並鑽一個 1 1/2" 的孔來設置按鈕。

6. 連接電子元件

依照 makezine.com/projects/face-recognition-treasure-safe 中的電路圖，把排針和 10K 電阻焊到萬用電路板上（圖6）。

把伺服機的信號線連接到 Raspberry Pi 的 GPIO 腳位 18 上，把伺服機的電源線和接地線接到電池盒的正負極。

把按鈕的一條導線接到 GPIO 腳位 25 上，並在連接 Raspberry Pi 的 3.3V 電源接腳的路

時間：
2～4小時
成本：
100～130美元

材料

- » **B 型 Raspberry Pi 單板電腦**：Maker Shed（makershed.com）網站商品編號 #MKRPI2。
- » **Raspberry Pi 攝影機模組**：Maker Shed 網站商品編號 #MKRPI3。
- » **玩具保險箱**：我們選擇 Schylling 所販售的鋼質警報保險箱，亞馬遜網站商品編號 #B003D0EM62，尺寸約 9"×8"×6"。
- » **伺服機**：Maker Shed 網站商品編號 #MKPX17。
- » **電池盒，4×AAA**
- » **瞬時按鈕開關**
- » **電阻，10kΩ，¼ W**
- » **萬用電路板**
- » **排針（11）**
- » **母對母跳線**：Maker Shed 網站商品編號 #MKKN4。
- » **廢鐵片**：大小約 2"×8"。
- » **螺絲和螺母，#6-32"×¾"（2）**
- » **隔離柱，內徑 ⅛"×½"**：你可以拿不要的鋼珠筆來切成適用長度。
- » **束帶**

工具

- » **電鑽和鑽頭**
- » **烙鐵與焊錫**
- » **鐵片剪**
- » **虎鉗**
- » **鎚子**
- » **鑿子或高速旋轉切割工具**：如真美牌工具（Dremel）。
- » **中心衝**
- » **銼刀**
- » **螺絲起子**
- » **鉚釘槍和鋁鉚釘，⅛"×³⁄₁₆"**

徑上串聯一個 10K 電阻，同樣把電池負極接到 Raspberry Pi 的接地端。

7. 設置 USB 傳輸線

在保險箱後側下方角落鑽一個孔，大小剛好可讓 Raspberry Pi 的 USB 傳輸線穿出。

8. 安裝軟體和啟用攝影機

請到專題網頁下載我們所準備的映像檔，再參考 elinux.org/RPi_Easy_SD_Card_Setup 依照你的電腦作業系統（Windows、Linux 或 OS X）將映像檔寫入 SD 卡中。若要了解如何自訂安裝，可以到專題網頁查看更多資訊。

執行 sudo raspi-config 指令，選擇啟用攝影機，然後重開機。

9. 訓練臉部辨識技術

在 Raspberry Pi 的終端機指令列中，進入安裝軟體目錄中，並執行指令 sudo python capture-positives.py 來啟動訓練腳本。

按下保險箱上的鈕，讓攝影機拍一張照片，指令腳本會試著偵測拍攝影像中的一張臉，並以「正確」影像儲存於 ./training/ positive 子目錄中。這將會用來訓練軟體的「分類」功能，好讓軟體能正確辨識你的臉。接著再按下按鈕拍攝 5

小祕訣： 用圖片檢視器看 CAPTURE.PGM 檔案，可以看到 RASPBERRY PI 攝影機拍下的照片，再到 ./TRAINING/NEGATIVE 目錄中查看無法解鎖的照片範例（來自 AT&T 的臉部辨識資料庫）。

張不同角度、不同光線的臉部照片（圖 9）。

最後，執行指令 python train.py 處理正確和錯誤的訓練影像，訓練臉部辨識演算法，而這部分大概會花費 10 分鐘左右。

10. 設定伺服機

執行指令 sudo python servo.py 並輸入不同的 PWM 數值（1,000 至 2,000 之間），以找出保險箱鎖頭上鎖和解鎖的數值。接著編輯 config.py 將數值輸入到 LOCK_SERVO_UNLOCKED 和 LOCK_SERVO_LOCKED 之中。

11. 開始使用你的智慧保險箱！

最後，執行指令 sudo python box.py，保險箱將會自動上鎖。當有人按下鈕，就會開始拍照並進行使用者臉部辨識，如果辨識結果正確就會解鎖，再按一次鈕就可以上鎖。

故障排除

如果臉部辨識結果不是很理想，你可以再多訓練幾次，拍更多正確的影像，或是把 config.py 檔案裡的 POSITIVE_THRESHOLD 值改高，擴大其辨識的誤差範圍。

如果你需要強迫解鎖，只要執行 servo.py 輸入解鎖伺服機旋臂的位置即可。

在 www.makezine.com.tw/make2599131456/153 上有提供程式碼和電路圖。

主題標籤：*#makeprojects*

音頻前置放大器
Vinyl Digitizer
Phono Preamp

將黑膠唱片數位化，把音樂帶向未來。

文：羅斯・賀西伯格　攝影：傑佛瑞・布雷弗曼　譯：張婉秦

時間：
1～2小時
成本：
50～70美元

羅斯・賀西伯格
ROSS HERSHBERGER
擔任過大型電腦的軟體工程師、模具技師、真空管放大器的維修員、監控設備技師，以及其他五花八門的工作。2012年起，他在創浦（TRUMPF GmbH）北美分部擔任YAG雷射客戶服務工程師。他的〈低音強化耳機放大器〉文章曾刊登《MAKE》國際中文版Vol.13。

你可能碰巧在朋友家裡、二手市集，或唱片行看到一些讓人驚喜的黑膠唱片，但是只能不情願地放棄買下它的想法，因為在這個數位化的無線世界中，黑膠唱片就像壁掛式電話一樣不便。不過下次當你看到黑膠唱片時買就對了，因為只要有了音頻前置放大器，就可以將黑膠唱片重新錄到電腦中，並轉成音訊檔，讓你透過手機、MP3播放器、汽車音響在任何地方播放。

　　整個設備由5個部分組成：唱片轉盤、音頻前置放大器（製作方法如後）、Diamond Audio USB介面、電腦，以及音樂編輯軟體Audacity。我設計的前置放大器有3大功能：放大轉盤唱針所擷取的音訊、採用黑膠唱片專用的頻率等化器（RIAA播放曲線），並優化所抓取得到音訊（擴音）以便和Diamond USB音效卡相容。如此一來，音效卡就可以把輸入信號轉成數位資料流，再用音樂編輯軟體Audacity迅速地把舊式45轉、78轉跟黑膠唱片存成MP3（或是其他數位音訊格式）。

　　為什麼要把重點放在唱片這種過時的儲存媒體上呢？好奇之心人皆有之，你可能會想知道黑膠唱片裡到底有什麼，它承載了50多年的音樂史，包括吉爾伯特和薩利文、歌劇、鄉巴搖滾（rockability）、三角洲藍調、前衛搖滾、藍尼布魯斯、貝多芬、峇里島的甘美蘭音樂、瓶罐樂隊（jug band）、「大鳥」帕克、猶太音樂Klezmer，以及許多你根本想像不到的音樂種類。20世紀後半是音樂創造與表演的黃金時期，黑膠唱片正是當時音樂發行的主要格式。數百萬張唱片發行，從馬戲團丑角Bozo的「Under the Sea」到范・克萊本（Van Cliburn）在柴可夫斯基國際音樂比賽的表演，這些精采的歌曲都還在世上流傳，只是大部分都還沒有數位化。

　　這裡將介紹如何製作使黑膠唱片數位化的音頻前置放大器，讓你把唱片中挖掘出的音樂帶向未來。

1. 準備電路板

在正式用RadioShack的PCB製作前置放大

器的電路之前，可以先在PCB上做記號，方便安裝電子元件。

在安裝零件前，如圖所示先用尖頭的奇異筆在電路板的焊接面（背面）標出數字。再把電路板翻到元件面（正面），對照孔洞位置，同樣寫上數字。

用A到E來標記導線孔，靠近電路板中間的地方寫上A，最外側則是E。如此一來，左上方內側便是1A，右上方外側會是20E（圖A）。但16E這個孔會有2條電線通過，所以能用小型銼刀或鑽頭將寬度擴大1.5倍，請小心不要把焊接面的銅都磨掉。

2. 標記外殼並鑽孔

用紙膠帶貼滿外殼的長邊、左側的短邊與盒蓋的內側，測量並在紙膠帶上標出鑽孔的位置（圖B～圖D）。盒蓋將會用來放置電路板，將電路板置中放在右側邊緣處，然後標註左上跟右下兩個孔的位置（圖B），你可以用 ⅛" 的鑽頭來鑽出所有3mm的洞。

> **註釋：**<u>盒子前方的3MM洞是用來安裝LED電源指示燈（非必要），我已經把這專題中的LED拿掉了，因為它會導致電池縮短50%的壽命，而且從開關位置就可以判別這個裝置啟動與否。</u>

3. 安裝 RCA 輸入插孔

將每個接地環折彎約30度（圖E），剝一條3"長的24線規實芯裸線，將兩邊焊上接地環（圖F）。

在電線中間纏繞一個#4×1"的螺絲，然後鎖上螺帽將接地線固定好。

將螺絲從內側鎖在外殼短邊的3mm孔上，先用一顆螺帽從外側鎖緊固定，再稍微鎖上2個#4墊片與另一顆螺帽。

如果RCA插孔有分顏色，將紅色鎖在右邊，黑色鎖在左邊（依照圖中的視角）。將RCA插孔由外往內安裝，並分別在內側都鎖上接地環，再用螺帽鎖緊以固定插孔（圖G）。

4. 組裝 PCB

根據下面的電路圖（圖H）以及 makezine. com/vinyl-digitizer-phono-preamp 上的步驟來組裝電路板，這個電路圖為一個聲道，所以你要做兩組（圖I）。

5. 焊接輸出導線與音訊接頭

移除 ⅛" 音頻接頭的塑膠外殼，露出內部的銅片，以便焊上橘白色/藍色/棕色的導線。

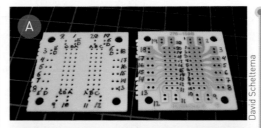

David Scheltema

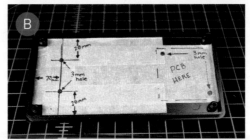

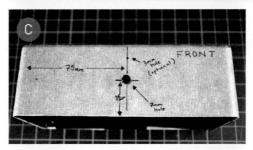

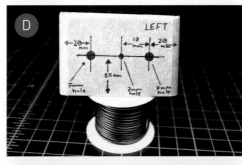

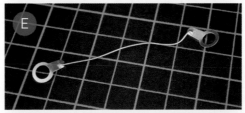

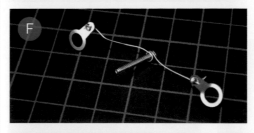

材料

» **數位 7.1 USB 外接音效卡，Diamond model XS71U：** RadioShack 網站商品編號 #55071954。

» **6"×3"×2" 的外殼裝置：** RadioShack 網站商品編號 #270-1805。

» **印刷電路板：** RadioShack 網站商品編號 #276-159。

» **IC 腳座，8 針腳：** RadioShack 網站商品編號 #276-1995。

» **電池座，9V（2）：** RadioShack 網站商品編號 #270-326。

» **電容，0.1µF，50V，10% （2）：** RadioShack 網站商品編號 #272-1069。

» **耳機插頭，⅛"，立體聲：** RadioShack 網站商品編號 #274-284。

» **雙極雙擲頭開關：** RadioShack 網站商品編號 #275-614。

» **運算放大 IC，TL082/ TL-082CP：** RadioShack 網站商品編號 #276-1715。

» **麥拉電容，0.47µF，100V （2）：** RadioShack 網站商品編號 #55046808。

» **電池扣，9V（2）：** RadioShack 網站商品編號 #270-324。

» **陶瓷電容，0.033µF，50V（4）：** RadioShack 網站商品編號 #55046782。注意產品上有沒有數字 333，那代表 33,000pF（33 加上 3 個 0），同等於 0.033µF。

» **陶瓷電容 330pF，50V（2）：** RadioShack 網站商品編號 #55047538。

» **電阻，⅛W，47kΩ（2）、82kΩ（2）、3kΩ（1）、1kΩ（2）、5.1kΩ（2），以及 18kΩ（2）：** Radio Shack 網站商品編號 #271-003。

» **螺絲，#4-40，¼"（2）、³⁄₁₆" （2），以及 1"（1）**

» **平墊片，#4（2）**

» **螺帽，#4-40（7）**

» **RCA 音頻插孔（2）：** RadioShack 網站商品編號 #274-852。

» **電池，9V（2）：** RadioShack 網站商品編號 #230-2211。

» **魔鬼氈（非必要）**

用三用電表找出插頭上的銅片是與接頭的上段（左聲道）、接頭的中段（右聲道），還是接頭的底部（訊號接地端）。將橘白色導線（左方輸出端）與上段的銅片相連、藍色導線（右方輸出端）與中段的銅片相連，棕色電線（接地輸出端）則焊到接頭底部的銅片上。

輕輕彎曲導線旁接地端的銅片，小心不要造成短路（圖 J）。並用三用電表檢查接地線／右聲道跟接地線／左聲道之間是否有短路產生，正確的電阻數值應該為47,000 Ω（47 kΩ），最後再把塑膠外殼裝回去即可。

6. 焊接輸入導線與 RCA 插孔

將綠色／橘白色／橘色導線中的綠色電線焊到右邊（紅色）插孔的墊片上，橘色電線則與左邊（黑色）的墊片焊在一起，橘白色電線則焊接上接地片中間的裸線迴路。再將多餘的裸線折彎並貼近盒子邊緣，這樣就不會使它們產生短路（圖 K）。

7. 安裝電源開關

電源開關有 3 組銅片，但是我們只會用到 2 組，我用數字 1 到 4 來標記，包括中間那組（3、4）。將 PCB 上的紅黑導線分別焊到開關端子 3 跟 4 上，處理這 2 條電線時，可以剝去 3 mm 的外皮以便焊接（圖 L）。

如圖所示，將電池扣的紅色導線焊到電源開關的端子 1，另一條黑色導線則焊到端子 2（圖 M）。將

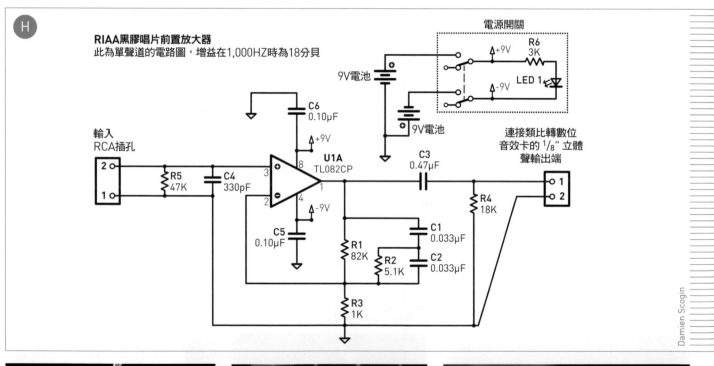

H

RIAA黑膠唱片前置放大器
此為單聲道的電路圖，增益在1,000HZ時為18分貝

電源開關

R6 3K
+9V
9V電池
LED 1
-9V
9V電池

輸入 RCA插孔

C6 0.10µF
+9V
U1A TL082CP
C3 0.47µF
連接類比轉數位音效卡的 ¹/₈" 立體聲輸出端

R5 47K
C4 330pF
C5 0.10µF
-9V
R4 18K
R1 82K
R2 5.1K
C1 0.033µF
C2 0.033µF
R3 1K

Damien Scogin

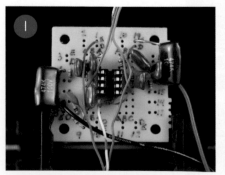

I

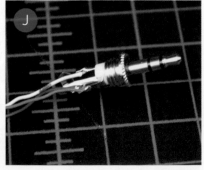

J

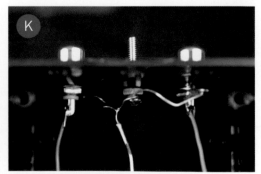

K

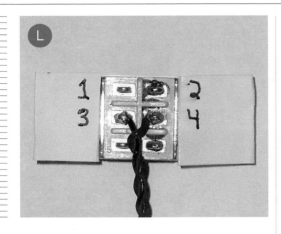

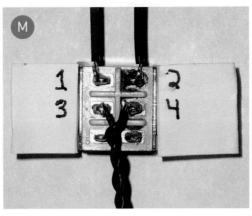

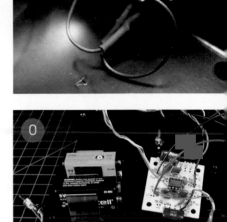

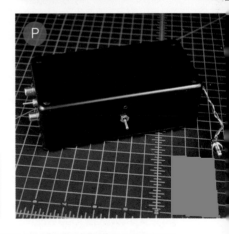

電源開關裝在盒蓋上，讓2個沒有用到的銅片靠著盒蓋，端子1跟2（連接電池扣的導線）則靠近盒子內部（圖N），再鎖緊開關外側的螺帽即可。

8. 最後組裝

將TL082CP晶片安裝到腳座上，晶片上的小凹槽要朝著PCB寫著1與20的那一端。晶片的「針腳1」則放在的4A的位置上。請在安裝晶片前先做好標準的抗靜電措施，因為JFETs輸入端可能會因靜電而受損。安裝之前就將它靜置在導電泡棉上，等到要安裝時，先觸碰另一個金屬物件來進行靜電放電，過程中儘量讓你自己保持接地的狀態。

用 #4×³⁄₁₆" 螺絲跟螺帽將兩個9V電池座固定在盒蓋上，將螺絲由外向內安裝，讓螺帽留在盒蓋內側。用 #4×¼" 螺絲跟螺帽將PCB依圖中的方向裝設在盒蓋上，不要將螺絲鎖得太緊，不然可能損壞PCB。

放入一組全新的9V電池，讓它們儘量靠近盒蓋底部。調整電池方向，讓接頭朝著PCB，而正極端子則緊靠盒蓋底部（圖O）。最好用2顆全新且同類型的9V電池，這樣它們的電量才會相同。

關閉電源開關（向下），扣上電池扣，蓋上盒子，小心調整周圍的電線。將輸出電線/插頭穿過盒子前方的孔洞（圖P）。

鎖上4顆十字螺絲，我在外殼底部黏了4個塑膠腳墊，當我接上音訊導線時，放大器仍可以固定在原來的地方。

9. 安裝並將音樂數位化

把Diamond Audio USB外接音效卡放在音頻前置放大器上方，然後把前置放大器的輸出插頭插入音效卡的裝置輸入插孔，可以用魔鬼氈來固定音效卡。

用附帶的USB A/B傳輸線將Diamond音效卡連接到電腦，它應該會顯示外接USB音效卡或類似的名稱。

將唱片轉盤左右聲道的輸出插頭接上音頻前置放大器的輸入插孔，這很重要：如果你的轉盤有接地線，務必要與輸入插孔間的螺絲墊圈確實連接。沒有連接的話，可能在播放時會一直出現雜音。

開始使用音樂編輯軟體Audacity，並挑選外部USB音響設備為輸入源。依照Audacity指導手冊「LP數位化作業流程」（Sample Workflow for LP Digitization）來錄音並存檔。多簡單啊！ ◣

在makezine.com/vinyl-digitizer-phono-preamp 上有組裝PCB的步驟、電路與前置放大器運作的詳細內容，以及其他更多關於轉盤與唱片的資訊。

主題標籤：#makeprojects

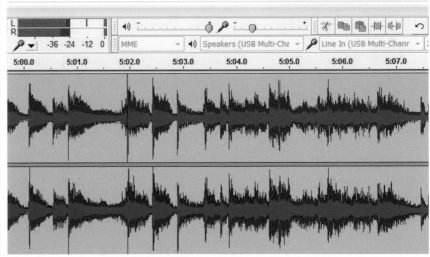

釀製古老的印度淡啤酒（IPA）

Brew a Vintage IPA

自製用大量啤酒花高度發酵的愛爾啤酒，重溫大英帝國海外殖民史。

文：羅南·派汀森　譯：張婉秦

時間：
一個下午
成本：
25～40美元

羅南·派汀森
Ronald Pattinson
是位專精釀酒歷史的學者，英國啤酒作家協會的成員，同時也是部落格「別再提 Barclay Perkins」（ShutUp About Barclay Perkins）的版主。Beeradvocate.com 網站稱他是「最出色、最能啟發人的啤酒歷史學家之一」。他也與許多啤酒部落客以及手工精釀啤酒師合作釀製古老啤酒。目前定居於阿姆斯特丹。

材料

» 淡色二稜麥芽，13.25磅
» 英國肯特啤酒花，13盎司：不可以潮濕，要新。
» 水
» 乾酵母，Wyeast 1098 British Ale
» 酵母，Wyeast 1099 Whitbread Ale
» 酵母，Brettanomyces clausenii（非必要）
» 糖，瓶內發酵使用

工具

» 釀造鍋，8加侖或更大的：不鏽鋼或鋁鍋。
» 麥汁冷卻器（非必要）
» 糖化鍋或是棉布袋，10加侖：用10加侖容量的 Igloo 牌冰桶 DIY 糖化鍋，或是用棉布袋過濾法（brew-in-a-bag）進行糖化。
» 大湯匙或是充氣棒
» 玻璃瓶，6加侖或更大
» 空氣鎖和塑膠扣
» 轉桶取酒管和虹吸管
» 消毒用藥
» 壓瓶器和瓶蓋
» 乾淨的空瓶

IPA 的故事是釀酒歷史中最羅曼蒂克的故事之一，不過有些內容並不是真的。 淡啤酒於18世紀後期首次出口到印度，由倫敦的釀酒廠「赫格森（Hodgson）」建立一個近乎壟斷的貿易模式。赫格森精明到讓東印度公司的船隻以信貸方式購買啤酒。不過赫格森要求以現金預付款項之後，特恩河畔的波頓鎮（Burton-upon-Trent）的3家釀酒商（Allsopp、Bass 和 Salt）在1823年也開始跨海銷售這款全新的啤酒，廣受居住在外的英國人喜愛。

他們出口的啤酒有幾個突出的特點：顏色很淡，是從品質最好和顏色最淡的麥芽所釀造。它大量運用啤酒花，包括在釀造鍋的時候，以及冷泡啤酒花的程序。極度高發酵的特點是個重要的關鍵，不但可以避免啤酒從酒桶爆出，也可以避免因前往印度的路程又長又熱而變質。當幾乎所有的糖份都發酵完，就沒有任何東西能讓細菌繼續生存。

然而以現今的標準來看，有一點不是 IPA

的強項。出口的酒精濃度約為7%，可是國內生產的 IPA 濃度才將近6%（跟淡味愛爾啤酒以及波特啤酒一樣）。

IPA 是如何銷回英國呢？最常聽見的說法是有艘要航行到印度的船在愛爾蘭海峽沉沒，船貨打撈上來之後在利物浦銷售，在當地造成一股搶購的熱潮。不過這裡有一個問題——根本沒有這艘沈船的紀錄。更有可能的說法是，從印度回來的軍官們，想要再嘗一下 IPA 的味道，進而有產品的需求。

1839 Reid IPA

Reid & Co. 公司在1830年代釀製多種淡啤酒，而 IPA 是他們的熱賣商品，所採用的是19世紀早期的標準做法，材料只有淡色麥芽和很多 Golding 啤酒花，不過他們使用的啤酒花非常新鮮。有別於現今任何風味的 IPA，它有其獨特的優點與啤酒花風味。

為了在家釀造，我調整了一下做法，過程使用單一麥芽、單步出糖程序。我在發酵度

約67％就封桶，但是IPA在到船上前，就已經在木桶發酵好幾個月，有大把的時間可以讓Brettanomyces clausenii酵母減低濃度，並將發酵濃度增高至85％。以歷史上的準確性來說，第二次發酵放置的時間愈久愈好。

Jeffrey Braverman

6加侖的愛爾啤酒：

- » 淡色麥芽，二稜種：**13.25磅**
- » **Golding 90分鐘：5.00盎司（142公克）**
- » **Golding 60分鐘：4.00盎司（113公克）**
- » **Golding 30分鐘：4.00盎司（113公克）**
- » 最初濃度：**1057**
- » 最後比重：**1019**
- » 酒精濃度：**5.03**
- » 外觀發酵度：**66.7%（換桶）**
- » 苦味值：**177**
- » SRM（顏色）：**5**
- » 糖化：**157°F（69.4°C）**
- » 洗槽：**175°F（79.4°C）**
- » 煮沸時間：**90分鐘**
- » 投入溫度：**61°F（16.1°C）**
- » 接種酵母：

  Wyeast 1098 British Ale：乾
  Wyeast 1099 Whitbread Ale
  Brettanomyces clausenii（非必要）

這篇文章改寫自《復古啤酒自釀攻略》（The Home Brewer's Guide to Vintage Beer）（Quarry Books，2014）。

在makezine.com/etch-a-kettle上可以看到更多祕訣與照片。

主題標籤：#makeprojects

用9V電池蝕刻煮水壺
以製刀技巧安全地為不鏽鋼或鋁鍋刻上永久記號。
文：麥特・貝茲　譯：張婉秦

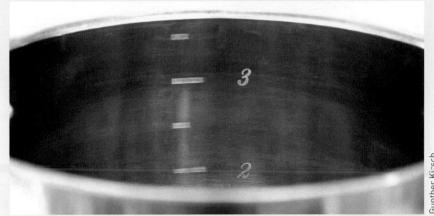

Gunther Kirsch

時間：
1小時
成本：
1～5美元

麥特・貝茲
Matt Bates
擁有10年的自造，他也喜歡為自己的嗜好製作工具跟器材。

材料

- » 釀造鍋，不鏽鋼或鋁鍋
- » 醋
- » 鹽
- » 9V電池
- » 電池扣連接器，9V，附連接線
- » 防水膠帶，例如電氣絕緣膠帶
- » 棉花棒
- » 數字自黏型染版，可在手工藝品店購買
- » 拋棄式手套

注意： 有些不鏽鋼合金也許會在蝕刻的時候產生微量六價鉻。蝕刻時戴上拋棄式手套，蝕刻後將蝕刻的物品用流動的水徹底清洗乾淨。

身為一個家庭釀酒師，在釀酒的時候，我需要利用煮水壺在各個階段測量容量，但是我的煮水壺並沒有容量的數字刻度。所以我搜尋了金屬蝕刻的資訊，剛好看到製刀師傅在刀上烙印品牌的一種技術——電解酸蝕。你會用到醋來進行酸蝕，還會用到食鹽，這種電解質可以讓醋有導電性。最後加上9～12伏特的DC電源供應器，就可以在金屬上留下永久的白色記號。

1.標註水位高度。 將你的煮水壺平放，逐漸倒入水，到你想要做記號的高度，在水平面做上記號。將膠帶弄成條狀並貼上。

2.套上數字刻版。

3.混合醋跟食鹽。

4.將煮水壺接上電。 將9V電池扣正極（＋）的裸線貼在煮水壺上，這會以非常低的電壓把整個煮水壺通上電。

5.準備好蝕刻工具。 把電池扣負極（－）的裸線緊緊纏繞棉花棒的頂端。

6.開始蝕刻。 將棉花棒沾一下醋溶劑，然後接觸煮水壺的第一個記號。如果你聽到滋滋聲，或是看到泡泡，那就代表成功了。只需要幾秒鐘的接觸就可以溶解金屬，所以讓棉花棒持續移動。

清洗一開始的幾個記號，確認是否成功。如果所有的記號都成功了，就移除電池和刻版，然後清洗乾淨。

在www.makezine.com.tw/make2599131456/9v上可以看到更多祕訣與照片。

主題標籤：#makeprojects

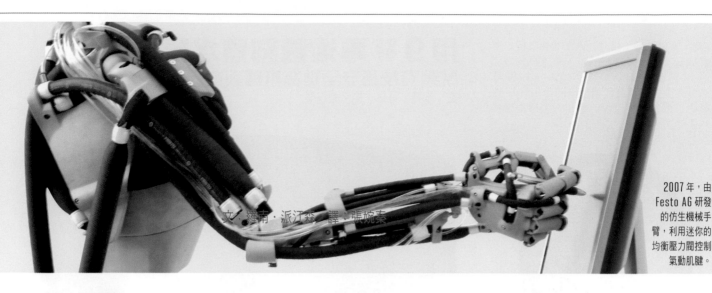

2007年，由Festo AG研發的仿生機械手臂，利用迷你的均衡壓力閥控制氣動肌腱。

威廉·葛斯泰勒
William Gurstelle
是位對《MAKE》雜誌貢獻良多的編輯。他的新書《捍衛城堡：打造投石器、十字弓、護城河等專題》（Defending Your Castle: Build Catapults, Crossbows, Moats and More）現正發行。

材料

- 軟質矽氧橡膠配管，3/8" 外徑，1/4" 內徑，長 8"
- 高密度聚乙烯（HDPE）配管，3/8" 外徑，1/4" 內徑，長 24"–36"
- 可延展的網狀套環，1/2" 內徑，長 8"：通常被電器技師用來綑紮電線跟電纜，McMaster-Carr（mcmaster.com）網站商品編號 #9284K4。
- 尼龍螺栓，1/4-20
- 小型 PVC 三通球閥，附有 1/4" 雙向接頭：McMaster 網站商品編號 #4757K57。
- 軟管夾，尺寸 #04（4）
- 變壓器配件，1/4" NPTF 外螺紋以及 1/4" 雙向接頭：McMaster 網站商品編號 #5372K112。
- 快接式空氣軟管接頭，1/4" 接頭搭配 1/4"NPTF 內螺 端：McMaster 網站商品編號 #6534K56，也就是所謂的工業用交流聯結器。

約瑟夫·麥吉本與氣動肌腱
Joseph McKibben and the Air Muscle

這個原子彈製造者因父愛而發明了現今運用在機器人上的氣壓致動器。 文：威廉·葛斯泰勒 譯：張婉蓁

工程師與科學家常常創造兼具巧思又實用的設備，幫助生病或行動不便的人有更好的生活，不過他們也經常製作軍火武器與裝備。偶爾，有人兩件事都做過。

約瑟夫·洛·麥吉本在二次世界大戰的曼哈頓計劃中是個重要人物。他是威斯康辛大學的核子物理學家，他和他的團隊負責研究控制原子彈裂變鏈式反應速度與能量的中子反射器。他不單單只是個理論家，也是注重實作的科學家。1945年7月16日，他在新墨西哥州的沙漠中，按下按鈕發射史上第一顆原子彈（行動代號是「三位一體（Trinity）」）。當天早上，麥吉本完成啟動炸彈內部裂變鏈式反應的裝置，然後跳上吉普車，開到6英里外的水泥碉堡進行引爆倒數，最後按下開關啟動一連串引爆炸彈的程序（圖A）。

6年後的1952年，麥吉本的女兒凱倫罹患了小兒麻痺症（圖B），脖子以下全部癱瘓，有一段時間受限於人工呼吸器「鐵肺」。麥吉本博士覺得他可以用自己的工程技術來改善女兒的生活，所以他跟女兒復健中心的醫生合作，開始研究讓小兒麻痺患者能控制手指的方法。

麥吉本研讀現有的應用流體力學、電子學跟氣力學關於移動癱瘓手臂的理論，他被其中一個理論吸引，覺得尤其有發展的可能。幾年前，一個德國科學家巧妙地打造一個由壓縮氣體控制的氣力學裝備原型，這個裝備由一個充滿二氧化碳的彈性氣囊所組成，而這膨脹的氣囊能模擬人類肌肉的自然移動。麥吉本希望利用這項技術讓癱瘓的手指再次移動。

短短幾年之內，麥吉本的團隊開發了現今所知的氣動肌腱設備（氣壓致動器）。麥吉本博士將設備裝置在他女兒癱瘓的前臂上，以夾板連接著她的大拇指、食指跟中指。當她藉由聳肩控制槓桿，氣體流入軟管，造成收縮，進而將癱瘓的手指聚攏；再次移動槓桿，塑膠軟管排出氣體，她的手指也進而放鬆。

因為有高度的力重比、靈活的架構，以及低廉的製作成本，麥吉本的氣動肌腱已經成為機器人專家與生物醫學工程師重要的零件。基本的現代化氣動肌腱包含一個有彈性的塑膠軟管或是氣囊，外面包一層斜編的聚合物網罩。當氣囊充滿了氣，網罩會隨之變寬，同時長度收縮，這會縮短肌肉，所以任何連結到肌肉那端的物體都會一起聚攏。肌肉和緩收縮的同時會產生驚人的拉力。

你可以利用五金行的零件簡單製作一個氣動肌腱，學習如何利用基礎氣力學原理打造控制移動的裝備，也同時見證麥吉本身為工程師的問題解決能力。

製作氣動肌腱

1. 把螺栓緊緊鎖入矽氧橡膠軟管的一端。

2. 把橡膠軟管全部塞進編織套環中，可能需要扭轉、擠壓才塞得進去。

3. 將有三通球閥中間的接頭塞入橡膠軟管的另一端，愈裡面愈好。

4. 將一個軟管夾安裝在套環、軟管跟雙向接頭處，並且牢牢地鎖緊。將另一個軟管夾安裝在套環、軟管跟螺栓處，同樣地，確認鎖緊密合。這就完成了氣動肌腱。

5. 現在製作風管。切割6"長的聚乙烯配管，插入三通球閥另一個雙向接頭。如果太緊，試著一開始把配管放入熱水中加溫。最後以軟管夾固定連結。

6. 將¼"雙向接頭螺牙鎖入¼"NPTF外螺紋，再接上聚乙烯配管的另一端，最後用軟管夾固定。

7. 最後，將¼"NPTF快接式空氣軟管連結器的螺端連接上跟著雙向接頭的¼"NPTF外螺紋，使用複合管或聚四氟乙烯膠固定公接頭與母接頭。現在你的氣動肌腱已經可以使用了。

使用方式

有很多方法可以安裝氣動肌腱。最簡單的方式是使用電線連結肌肉的一端來支撐，然後另一端連接到你想要移動的物件。加上夾板與滑輪就可以靈活移動，應用在機器人科學、復健器材，以及自動化專題中。

1. 操作壓縮氣的時候一定要戴護目鏡。將氣動肌腱連接上高壓氣體設備，像是壓縮機或空氣箱。氣壓愈高，肌肉收縮的愈屬害，但是壓力太大也會造成軟管脫離。

2. 將你的氣體連接上空氣軟管連結器。

3. 打開三通球閥讓氣動肌腱充滿氣體。充滿時，塑膠軟管會擴張，但被網罩所限制，造成氣動肌腱收縮。轉動球閥開關到另一個方向，讓氣體從氣動肌腱排出，進而舒張。

在makezine.com/airmuscle上可以看到成品影片與步驟圖說，也可以分享你的成品。

主題標籤：#makeprojects

舒張

收縮

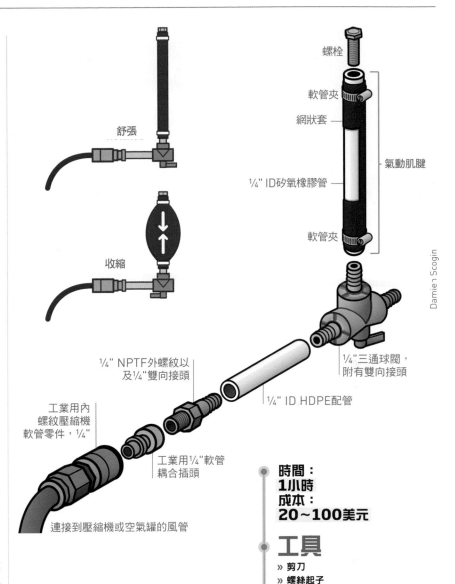

螺栓

軟管夾

網狀套

氣動肌腱

¼" ID矽氧橡膠管

軟管夾

¼"三通球閥，附有雙向接頭

¼" ID HDPE配管

¼" NPTF外螺紋以及¼"雙向接頭

工業用¼"軟管耦合插頭

工業用內螺紋壓縮機軟管零件，¼"

連接到壓縮機或空氣罐的風管

Damien Scogin

時間：
1小時
成本：
20～100美元

工具

» 剪刀
» 螺絲起子
» 空氣壓縮機或其他氣體壓縮機
» 聚四氟乙烯膠帶
» 安全護目鏡

A

B

Globe Photos

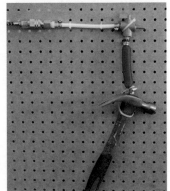

Fond o' Bondo
愛上 Bondo

填充塗料的創意使用圖解指南。

文：賴瑞・卡特、菲爾・鮑伊　譯：張婉秦

賴瑞・卡特
Larry Cotton

是一位半退休的電動工具設計師以及兼職的數學老師，熱愛音樂、電腦、電子電器、家具設計、鳥，以及他的老婆——這個先後順序跟喜好程度無關。

菲爾・鮑伊
Phil Bowie

是一位雜誌作家，出版3本懸疑小說，經營 philbowie. blogspot.com 網站。

Gunther Kirsch

時間：
1個小時～一個週末
成本：
20～100美元

材料

» 罐裝填充塗料，包括固化劑、催化劑，或是觸媒劑
» 油漆稀釋劑或清潔用的丙酮
» 噴霧油（Pam）、矽利康潤滑噴劑，或 WD-40 用來脫模

潤飾完工：
» 塑膠補土（二度填料）
» 二度底漆，像是灰色的 Rustoleum 或 Krylon
» 塗料（瓷釉、磁漆，或乳膠）

工具

» 波麗板，一小片，用來混合
» 防塵口罩
» Stanley 牌銼刨工具
» 扁木棍或大的一字型螺絲起子
» 藝術家用的調色刀
» 乳膠手套
» 銼刀
» 砂紙，60-400 號
» 蠟紙／烤盤紙（非必要）
» 注射器／針筒，20ml（非必要）

填充塗料是一種由兩種成分混合而成的濃稠狀聚酯樹脂，通常又稱作 BONDO。在網路上搜尋一下就會發現這種材料最常應用在汽車上，主要是用來修補損傷的車身，不過這部分留給專家介紹，我們這裡主要介紹幾種創意的玩法。

一般而言，我們推薦3M的Bondo 262，這是一種管狀、紅褐色的固化劑。如果要用來混和跟加工填充塗料，可以查看我們的「Skill Builder」單元（makezine. com/working-with-bondo），以及肖恩・托森（Shawn Thorsson）精采的影片教學（makezine. com/body-filler），裡頭有一些小技巧。現在就讓我們一起玩創意吧！

1. 客製工具握把

在準備好的木製工具握把上，塗上厚厚一層混合好的Bondo，記得塗在好施力的地方。戴上緊貼的乳膠手套，在你習慣施力的地方握緊把

手。當它形狀差不多固定了（會有點溫熱感，但不至於不舒服），慢慢鬆開握緊的手，然後馬上用刨刀把多餘的材料全部挖掉。固化之後，用旋轉工具、銼刀，跟磨砂，最後完工。

2. 鑄件

你有骨董的蠟燭臺、書擋，或價值不斐的耳環，可是都只剩下一個？你需要一個已經停產的骨董抽屜拉把？又或者你想要複製一個你再也買不到的物品？那你可以利用模具製造乳膠來製作那個物品的模具（我們用Michael's的Castin' Craft's 模具製造液態乳膠）。遵照罐子上面的説明逐層打造模具的骨架和外型，有需要的話可以利用純棉紗布補強，最後把所有不需要用到的孔隙填滿。

乳膠乾燥後，移除物件並把模具放置在支撐

小祕訣： 如果想要有個超級平滑的表面，可以用調色刀塗上一層薄薄的塑膠薄土。

小祕訣： 樹酯跟固化劑只要混合你所需要的量。

1

Larry Cotton and Phil Bowie

架上，例如盒子。倒置模具，填入混合好的 Bondo（可以用下方提到的擠壓藝術注射器填滿小空隙）。乾燥之後，將模具剝離，最後完工，可以參考前面提到的客製化工具把手的方式來複製原物件。你也許會用 Bondo 和/或塑膠補土填補空隙。我們的燭臺是黃銅色，所以我們把原物件跟複製品漆上同一個黃銅色。

3. 擠壓藝術（圓柱體）

在一個 20 ml 的塑膠無針注射器鑽個直徑 $3/32"$ 的出口孔。將 PVC 塑膠圓筒對半切，把可拆卸木盤放在任一尾端，然後用蠟紙包覆。戴上乳膠手套，快速混合 Bondo 並注入注射器裡面（超混亂！）。把柱面圓筒放在可調整速度並慢速旋轉的鑽孔機上，當它旋轉的時候，把 Bondo 從自製的注射器中擠出來。每次使用都要徹底清潔注射器跟工具，要不然他們真的會完全無法使用。完全固化之後，小心地從一邊撕下你的傑作。如果它無法移動，移除一個或兩個轉盤，讓它稍微塌陷。如果你計劃把它當成燭臺罩或燈罩，首先要噴上耐熱漆，然後貼上製圖膠片或類似的半透明塑膠。燈泡瓦數限制為 60。

4. 擠壓藝術（平面）

把印出來的線稿和蠟紙貼在平滑的水平面上，在蠟紙上快速擠壓混合好的 Bondo，每一個區塊都這樣做。你可以製作草稿再創造自己的擠壓藝術品，或是隨意擠壓填充塗料來創造充滿想像的裝飾品。當 Bondo 完全固化，小心地將蠟紙從作品上剝除下來。不一定要潤飾加工，不過兩

面都要噴上噴霧油。可以使用一小塊雙面膠把作品固定在反差大的背景上，或是簡單懸掛起來。

5. 模擬塑膠

在小型木製品上塗上薄薄一層 Bondo。為了仿製模具，填料擠壓成十字形跟直徑 $1/4"$ 的榫釘。根據描述完成客製化工具握把。

6. 灌封電子電器

不論是客製的，或是那些因疏於照顧而裸露的電路板，都非常適合用 Bondo 來灌封跟保護電路。用一根短的 PVC 管就可以裝填 Bondo 了。分別填充補強每一端，或者在裸露的電子元件外上漆。

7. 其他 Bondo 用法

可以修理玩具、調整或修補家用電動工具、製作小型手電筒或一些投擲燈（throwies）。也可以鑄模雕塑品、修理椅腳、增加滑輪的直徑，或在木製品上加上電動鑽頭螺紋、替換遺失的螺旋瓶蓋。填充塗料還有更多創意的用法——從鋼鐵人的頭盔到火箭頭都有。可以上 makezine.com 網站，或上網搜尋「填充塗料應用」（body filler applications）。愛上 Bondo 了嗎？ ◉

+SKILL BUILDER

善用 BONDO
填充塗料

第一次使用 Bondo 嗎？在 makezine.com/work-ingwith-bondo 上，你可以找到如何混料、準備底漆，以及潤飾完工的小祕訣。

在 makezine.com/fond-o-bondo 上可以看到更多專題，並表達你的意見。

主題標籤：#makeprojects

Vibration SENSORS

震動感測器
比智慧型手機還好用的自製感測器，可以用來偵測任何動作與腳步。

文：弗里斯特・M・密馬斯三世
譯：孟令函

Matthew Billington

為了偵測突然的動作、加速與震動，使得我們不停推出並改進許多方法。時至今日，在許多智慧型手機、平板電腦與電玩控制器中都內建可以偵測動作的小型固態加速度計。這些小型陀螺儀價格平易近人，你也可以直接用智慧型手機來偵測震動。

DIY 感測器 vs. 固態震動感測器

如果你只是要製作單純的震動感測器，其實不必專門使用加速度計電路，有很多很好用的DIY方法，甚至還比智慧型手機裡的固態加速度計來得靈敏。

我們可以透過學習用的愛因斯坦平板電腦（einsteinworld.com）來展示這臺震動感測器，這臺平板電腦可以儲存超過16臺感測器的資料，包括平板電腦中內建的3軸陀螺儀與光電二極體。這兩個感測器讓我們可以直接用DIY震動感測器與光電二極體來比較固態加速度計。

首先，用大約2"的透明膠帶將愛因斯坦平板電腦懸吊在桌面上方，讓它變得像鐘擺一樣，並將黑色的光電二極體（圖A）朝向桌子，使得螢幕背向桌子，而LED手電筒則放在地上，並對準光電二極體。

選取平板電腦中的加速度計與光電二極體選項，將取樣頻率設成1秒10次，而取樣時間則設為50秒以上，並將光電二極體的照度設在0

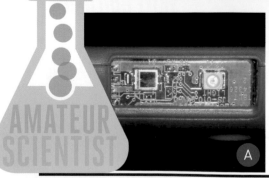

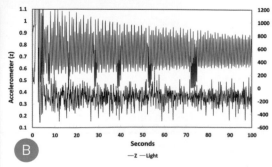

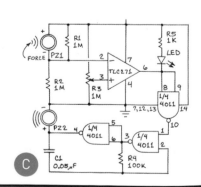

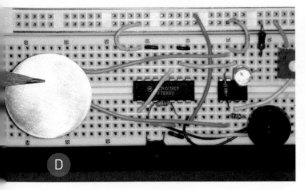

D

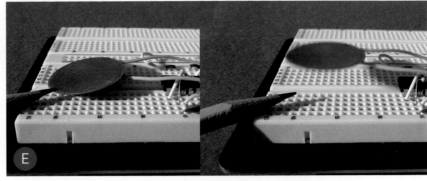

E

～600勒克斯。接著按下開始的箭頭，再將愛因斯坦垂直往上移動約1"的距離，然後放手讓平板上下來回擺動，藉由這個實驗來找出擺放于電筒的最佳位置。

圖B的圖表呈現的是加速度計Z軸的變化與光電二極體反應，很明顯地可以看出光電二極體對動作比較敏感，甚至還能表現出平板擺動的週期。因此我們可以發現，簡單的鐘擺和懸臂搭配光源和光電二極體，就可以做出非常靈敏的震動感測器。

製作壓電式震動感測器

接下來還有一個簡單又不必遮蔽外來光源的DIY作法，藉由石英壓電晶體與壓電陶瓷受到壓力而產生電壓的特性，透過手錶、手機、有聲卡片與鬧鐘用來發出聲響的壓電陶瓷片，就可以做出非常簡單的震動感測器

圖C是我使用壓電片PZ1（從有聲卡片上取得的）製作出按壓便會發出聲音並點亮LED的電路圖，將壓電片連接在TLC271或其他類似運算放大器的反向輸入端上，使其變成電壓比較器，而可變電阻R3則接到運算放大器的非反向輸入端形成分壓電路。

電路運行時，請調整R3直到運算放大器的輸出端從低電位變成高電位，這會關閉4011 NAND閘組成的音頻產生器。這個小動作會使得PZ1產生電壓，並將比較器的輸出端從高電位變成低電位，促使LED閃動與4011發出聲音。

你可以將這個電路架設在麵包板上（圖D），方便你進行一些簡單的調整。舉例來說，提高C1的電容值會使聲音頻率降低，如果想要增加音量，可以把PZ2換成一般音頻輸出轉換器的輸入端，這個音頻輸出轉換器須具備1,000Ω的輸入阻抗以及8Ω的輸出阻抗（RadioShack網站商品編號#2731380或其他類似的產品），

再把一個8Ω的小型喇叭接到轉換器的輸出端上。如果想要更大的音量，可以將4011的4號針腳與接地端連到外接喇叭的輸入端。

要表現這組電路的靈敏度，可以用兩條4"長24線規的電線來連接PZ1（圖D），把每條線的其中一端焊到壓電片背面的接點上，再把跳線的另外一端接到電路上，使得壓電片懸吊在麵包板上方約1"處。

當PZ1固定不動後，調整R3直到LED發亮並啟動音頻產生器。接著，再次調整R3直到LED跟音頻產生器都關閉。現在只要你輕觸壓電片，LED跟音頻產生器都會有反應，輕點壓電片使其上下跳動，LED跟音頻都會跟著改變（圖E）。

PZ1可以懸吊、黏貼或用夾子固定在牆上、窗簾、腳踏墊與車上等各處，若要提高靈敏度可以在朝上的那一面黏上金屬桿，並在懸空的那一端放上小重物。就算是隔著木頭地板或腳踏墊，接有金屬桿的壓電片也可以感測到腳步的震動。

更進一步

你幾乎可以在任何一間材料行買到製作敏銳的鐘擺與懸吊震動感測器的材料，只要在垂直金屬桿或水平搖臂的其中一端掛上一個稍微有重量的東西，然後在重物附近鎖上螺絲跟螺帽，便可以調整螺絲的位置，使其靠近重物或是金屬桿，如此一來，你的震動感測器就多了一個開關了。

你會如何使用震動感測器呢？請上makezine.com/vibration-sensors與大家分享。

主題標籤：*#makeprojects*

時間：
2～3小時
成本：
15～25美元

弗里斯特·M·密馬斯三世
Forrest M. Mims III
（forrestmims.org）是一位業餘科學家和勞力士獎得主，曾被《Discovery》雜誌評選為「科學界50大人才」之一，他的著作已在全世界銷售超過700萬本。

材料

» 運算放大器 IC，TLC271 或相似款
» 含有 4 個 NAND 閘的 IC，4011 型
» 電容，0.05µF：C1。
» 電阻，1MΩ（2）：R1 和 R2，色碼為棕、黑、綠。
» 微型可變電阻，100kΩ：R3。
» 電阻，100kΩ：R4，色碼為棕、黑、黃。
» 電阻，1kΩ：R5，色碼為棕、黑、紅。
» LED，紅或綠
» 壓電感測器，可以直接從有聲卡片上取得。
» 迷你壓電喇叭，Maker Shed（makershed.com）網站商品編號 #MSPT01。
» 免焊麵包板與電線：Maker Shed 網站商品編號 #MKKN3 和 #MKSEEED3。
» 電池，9V
» 電池扣，9V：Maker Shed 網站商品編號 #MSBAT1。

Gunther Kirsch

電路貼紙
Circuit Stickers

只要撕開就可以貼上LED、感測器，甚至是微控制器，讓你能馬上做出電路。

文：帕洛瑪·佛特莉　譯：孟令函

帕洛瑪·佛特莉
Paloma Fautley
是《MAKE》的實習工程師，目前是機器人工程系的學生。她的興趣非常廣泛，包含烘焙到煙火製造。

材料
» **電路貼紙入門套件或豪華套件：**
Maker Shed（makershed.com）網站商品編號 #MKCB01 與 #MKCB02。
» **剪刀、紙、筆**

近年來我所看過既簡約又高雅的兒童套件，莫過於奇比電子（chibitronics）所推出的電路貼紙。對於曾使用過類似套件（或對於電路學有一定認知）的玩家而言，我敢說這組套件一定物超所值。

其中所包含的電路貼紙繪本運用有趣且創新的做法，引導你進入學習過程。利用實驗讓你對電路產生了解：先從一組只有用到LED與電池的簡單電路開始，再進階到使用多種零件，包括聲光感測器，甚至是微控制器貼紙的複雜電路！如果你正在尋找有趣又輕鬆的方式來認識電路，這絕對是你的最佳選擇。

我將基本的電路學搭配上一點創意，就完成了這組簡單且有趣的LED電路，你所需要的材料包含：Chibitronics套件中的銅箔膠帶、LED貼紙、一個3V鈕扣電池，再加上紙、剪刀還有一支筆。

1. 繪製電路

因為我在電路貼紙繪本上已經畫過許多電路範本，所以自己繪製了一組使用4個LED的線路圖，並重複描繪出6張一樣的圖。

2. 貼上貼紙

我把電路貼紙跟電池固定在底層電路上，然後用銅箔膠帶將它們貼在一起。接著，我再蓋上一張頂層電路，把電路的負極跟電池的負極接在一起，以接通整個電路。

3. 最後修飾

我在兩層電路之間加上一層紙，既可以避免短路，也可以在上面畫些圖案，替電路稍做裝飾。

4. 啟動！

按下最上層的電路，讓接點連在一起，這個電路便有了生命！ ◐

你可以在makezine.com/projects/circuit-stickers上看到更多照片或是分享你的電路貼紙。
主題標籤：#makeprojects

哥吉拉探測器
Godzilla Detector

文：約翰・艾歐文　譯：孟令函

賦予冷戰時期的蓋革計數器全新的數位化生命。

時間：
1～4小時
成本：
100～300美元

約翰・艾歐文
John Iovine
目前住在紐約的史泰登島，他是一位熱愛科學與電子的工匠也是一名作者，還是一家小型科學公司——印象科學儀器（Images SI Inc.）的老闆。

1

2a

2b

3

請上www.makezine.com.tw/make2599131456/154了解如何製造數位蓋革計數器，接著參考www.makezine.com.tw/make2599131456/100網站對你的CDV-715進行大改造吧。

主題標籤：**#makeprojects**

不管是福島核災、大怪獸，或是在你自家後院打造前衛的釷反應爐，它們的共通點就是輻射，這會讓你聯想到經典的蓋革計數器CDV-715。它那完美的復古外型，很適合用來裝載新潮又敏銳的數位蓋革計數器。

在1960年代的冷戰高峰期，人們製作了超過50萬個CDV-715離子腔室輻射儀（圖1），當時在美國各地的防輻射塵避難所中都有它的身影。等到聯邦緊急事務管理署（FEMA）將其除役之後，由於供過於求，這種儀器變得相當便宜。可惜的是，CDV-715只能探測到高計量的伽瑪射線，所以它比較適合核子攻擊或爆炸後的探測，但在大部分的輻射探測中都派不上用場。

不過你可以很容易地將它的舊電子零件拆下來，換上新式的數位蓋革計數器零件與類比轉數位的液晶顯示計量表（圖2a）。計量表第一行所顯示的是每秒測得的輻射量（Counts Per Second，CPS），並可以用英制（mR/hr）或公制（mSv/hr）來呈現；下方則是強度表，透過簡單的視覺方式來呈現CPS數值（圖2b）。

我在《MAKE》國際中文版Vol.05中有教大家怎麼製作蓋革計數器的電路，剛好適用於這次的專題，建議先到www.makezine.com.tw/make2599131456/154觀看教學，再回頭進行改造計劃。這組電路適用於市面上許多使用400或500VDC的蓋革彌勒計數管（GM tube）（圖3），除此之外，它還能夠跟輻射資訊網（radiationnetwork.com）連線，讓你可以與全世界分享你所蒐集到的資料，以免有一天突然出現受到輻射感染的大蜥蜴。

你也可以修改復古數位蓋革計數器的外型，下一步就是打開開關，開始偵測粒子通量吧！◉

Sure-Fire Projects for
Young Makers

適合小小自造者的專題
牙刷機器人的窩

文：莎曼莎‧麥特隆‧庫克　譯：孟令函

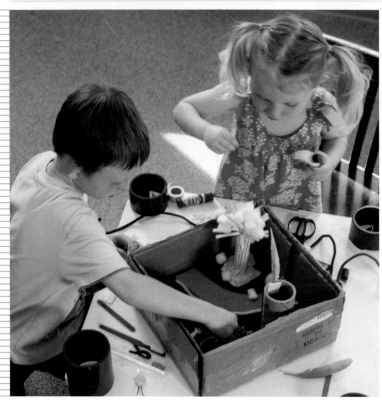

通常我不會把「防呆」和「小孩」這兩個字放在一起，不過，跟孩子一起合作執行計劃時，各種無法預測的過程和發展，可能會激盪出超棒的點子，所以我便依照好奇駭客的評量標準來替我的小孩們規劃一個最適合的專題。孩子們可以從這個專題中認識到新觀念與新技巧，並獲得足夠的空間讓他們發揮創意嗎？孩子是否能從中學習到思考、創新、創意與耐心呢？這項計劃能讓孩子們對於現代科技獲得更多認識嗎？

牙刷機器人的窩這個專題非常簡單，每次都能順利執行，除此之外，其所用的材料容易取得、花費低廉，並能依孩子的年齡調整內容。對我而言，專題成功的定義是：孩子跟大人都能真正地投入整個過程，設計出最獨特又新穎的作品。

牙刷機器人或刷子機器人是一種適合所有年齡層的有趣專題，但我們的重點並不是機器人，而是機器人的窩。我們利用各種回收材料或居家用品來製作這個專題，包含：衛生紙捲筒、硬紙板、萬用膠帶、吸管、棒棒糖的棒子和寶特瓶。讓孩子們挑戰設計出符合他們所想像的機器人小窩。

年紀比較小的孩子傾向於設計擂臺與迷宮，而年紀較大的孩子則會做出漂亮且複雜的迷宮、多樓層的設計，甚至是城堡中真正可以使用的吊橋與溜索。

我們非常喜愛這個專題，因為它不只包含了前面所提到的條件，而且既輕鬆又有趣，適合剛開始接觸自造領域的家庭。又因為沒有規定小窩的外觀，所以對這個專題來說並沒有所謂的失敗，參與者可以完全掌握自己從中能學到什麼，這就是我認為最合適的專題。

感謝邪惡瘋狂科學家實驗室（ Evil Mad Scientist Labs ），他們創造出了席捲機器人界的牙刷機器人。

你也有設計出適合孩子的專題嗎？歡迎到makezine.com/sure-fire上與我們分享。

主題標籤：#makeprojects

時間：
1小時
成本：
0～5美元

材料

» **回收材料或居家用品：**衛生紙捲筒、硬紙板、萬用膠帶、吸管、棒棒糖的棒子和寶特瓶。

» **剪刀**

» **膠帶、膠水**

莎曼莎‧麥特隆‧庫克
Samantha Matalone Cook

是非營利組織好奇駭客（ Curiosity Hacked ）的創辦人兼執行總監，其總部位於美國加州奧克蘭，目的為培養兒童學習新技能，並灌輸STEAM的教育概念，同時她也會在極客媽媽（ GeekMom ）這個網站上發表文章。

免費海報

這幅描述「自造者信念」（Maker's Believe）的海報是由《MAKE》團隊中的蜜雪兒‧胡賓卡（Michelle Hlubinka）所設計的，你可以至makezine.com/sure-fire免費下載海報，並將它貼在牆上讓大家看。

牙刷機器人派對包

只要幾個步驟，就可以讓你用牙刷頭、呼叫器馬達與鈕扣電池做出會旋轉且速度又快的機器人。牙刷頭上的眾多刷毛就是機器人的小腳，讓牙刷機器人得以四處移動。每個派對包可以做出12臺造型特殊的牙刷機器人，只要到makershed.com花35美元購買網站商品編號#MSBBRP的派對包。你也可以照著makezine.com/bristlebot上的教學自己製作刷子機器人，或是用類似的六足小機器人來代替。

123 派對玩具加農砲

文：保羅・羅林森 ■ 插圖：茉莉・衛斯特
譯：孟令函

1

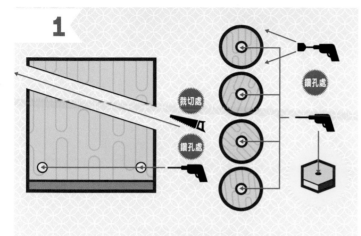

裁切處
鑽孔處
鑽孔處

2

3

POW!
BOOM!

幾乎所有小男孩都愛玩戰爭遊戲，但除非等到成年，不然很多玩具還是不適合小孩玩。為了彌補這個缺憾，我便做了一座玩具加農砲，雖然這只是粗略的版本，不過你可以花點時間在小細節上，就可以輕易做出更好玩的版本。

1. 鑽孔

先用圓孔鑽頭挖出 4 片 5mm 厚的圓木板（直徑 27mm），並在每個中心處都鑽一個 7mm 的孔洞。»在木塊的寬邊靠近底部邊緣的地方鑽 2 個 7mm 的孔洞，以便用來裝設輪軸。»並在高壓螺帽上鑽 1 個 2mm 的孔洞。

2. 組裝加農砲

以木榫作為輪軸，並在兩端使用木膠來固定輪子。»將銅管固定在木塊上，再使用銅管夾與螺絲將其鎖緊，固定時請保持銅管的前後兩端都稍微超出木塊。

3. 準備發射！

把 5 個拉炮拆開，然後把裡面的火藥拿出來放在一起，再拿一條拉繩穿過高壓螺帽。»用活動扳手把高壓螺帽鎖緊，好將內部的橢圓環固定妥當，然後再稍微把螺帽轉鬆，以便你之後可以直接用手來調整鬆緊。»用第三根木榫把一兩顆棉花球塞進銅管裡，將棉花球安置在火藥的前方，最後填入子彈（我用的是醬油罐的瓶蓋），你就可以拉動拉繩將其射出！

你可以依照你的喜好來變更這組設計，讓它變得更不一樣。◎

你若有任何疑問，可以到 www.makezine.com.tw/make2599131456/1231 參考製作時的照片，以及加農砲實際發射的影片。

主題標籤：#makeprojects

**保羅・羅林森
Paul Rawlinson**
喜歡隨意地製作專題，並將結果分享在自己的網站（ go-repairs.blogspot.co.uk ）與他的 YouTube 頻道（ youtube.com/user/gorepairs/ ）上。

材料

» 木塊，長 77mm× 寬 43mm，將頂部修出 15° 的傾斜角
» 圓木片，直徑 27mm× 厚度 5mm（4）
» 木榫，直徑 6mm× 長 300mm（3）
» 銅管，直徑 15mm× 長 110mm
» 黃銅高壓螺帽，尺寸與銅管直徑一樣同為 15mm
» 銅管夾，又稱鞍型夾，管徑 15mm（2）
» 小型螺絲（4）
» 棉花球
» 派對拉炮，會射出彩色紙屑的類型（5）
» 塑膠瓶蓋，直徑小於 15mm
» 木膠
» 電鑽
» 圓孔鑽頭，27mm
» 木工鑽頭，7mm
» 金屬鑽頭，2mm
» 活動扳手（2）

警告： 請在製作過程中做好防護措施，並隨時穿戴安全護具，在操作含有火藥的派對拉炮時請務必小心，而且千萬不可對著人發射。

TOOLBOX

好用的工具、配備、書籍以及新科技。
告訴我們你的喜好 editor@makezine.com.tw

譯：Dana

伯恩斯
桌鋸

450美元：byrnesmodelmachines.com

這組高品質桌鋸配有4"刀片、平行檔板、可調式量具和千分尺定位器。這臺美麗的桌鋸是由船模型製作師吉姆·伯恩斯（Jim Byrnes）和他在佛羅里達的工作團隊手工製作，所有的零件都是由鋁製成。

我的公司──比蒂機器人（Beatty Robotics）往往發現市面上的製作機具體積過大，不適用於精密作業。我們需要體積小又精確的工具，可以優雅而不粗魯地運作。不過在此提醒讀者：這臺桌鋸的最大裁切寬度為3.865"（或客製化6"的規格），僅適合小型作品。只要搭配適當的刀片，這臺桌鋸可以鋸木頭、塑膠、鋁和非鐵金屬。

雖然價格有點高，但是伯恩斯桌鋸是小型高精度桌鋸中的佼佼者。

──羅伯特·比蒂

Robert Beatty

聰明剪
25美元：anysharp.com

　　這把聰明剪是萬用剪刀，可用於家庭、廚房或工作室。它彎曲的鋼刀鋒利堅韌，可輕易剪斷大部分的軟材質，如泡棉、織物或軟管。它的握柄舒適，符合人體工學，可以依照使用者的喜好調整支點張力。握柄之間有多用途的鋸齒和刀具，從剝除電線外披到壓碎大蒜，不論什麼用途都很適合。我買了它幾個禮拜，天天都拿它剪束剪西，它還沒有讓我失望過。

——戈里·穆罕默迪

Gunther Kirsch

HARBOR FREIGHT
組合磨砂機
250美元：harborfreight.com

　　這個磨砂帶和磨砂盤的組合是我的必備工具。只要選用正確的砂紙就可以快速將多種材料磨平，例如木材、塑膠甚至金屬。這臺磨砂機的磨砂帶和磨砂盤運作穩定，速度也很快，幾乎可以將所有的東西切面和磨邊。加上一個簡單的夾具，你甚至可以做出完美的圓形。我使用組合磨砂機超過10年了，從來沒碰過任何問題，不過如果能作一些調整和升級會更好。

——丹·斯潘格勒

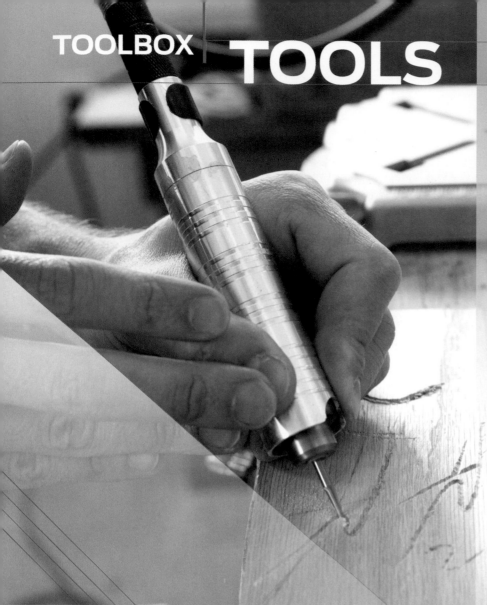

Dremel Fortiflex 迷你電鑽

239美元：dremel.com

你每一天都會用到電鑽？Fortiflex迷你電鑽堅固耐用，是你最好的選擇。它有一顆強力馬達，還附有腳踏板供使用者隨時調整轉速。

Fortiflex安裝容易，工具組還附有多種鑽頭可供選擇，其中有一個硬質鎢合金銑刀，光是這個鑽頭就很夠用了。

從普通的Dremel電鑽換到Fortiflex電鑽，就像從Schwinn升級到Cadillac一般。我使用兩把電鑽在橡木上鑽出的相同圖案，Fortiflex的表現在各方面都更勝一籌。Fortiflex的握把堅固，比其他鑽鋸更適合精密工作（這也是這類工具的強項）；它雖然更堅固卻也更輕巧，不只力量強大，使用起來也得心應手。

——山姆・費里曼

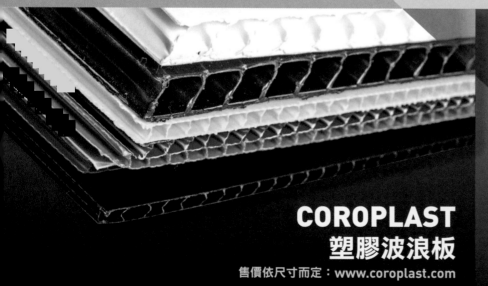

塑膠波浪板的商標為Coroplast®，通常用於低廉、輕型或暫時的標誌印刷上。它的結構類似瓦楞紙板，材質為抗防水抗寒的聚丙烯塑膠。

我特別喜歡使用這種材料進行LED照明工程，因為它重量輕，容易使用。Coroplast可以用不同工具切割，我經常使用的是地毯裁切器；Coroplast也可以在上面鑽孔，就像其他堅固的材料一樣。

Coroplast的價格親民，在大部分的五金賣場都可以買到數種尺寸，招牌店和塑膠經銷商往往也提供不同顏色和厚度的Coroplast。

——泰勒・溫格納

COROPLAST 塑膠波浪板

售價依尺寸而定：www.coroplast.com

WAGO LEVER-NUTS 接線裝置

售價不一，每個約0.50 美元起：wago.us

Lever-Nuts 接線裝置的美妙之處就是方便，不需要任何工具就可以快速連接電流，暫時或永久連接都沒問題。我最常用的是3導線連接器，但2埠或5埠連接器也相當有用。

Lever-Nuts 可用於12到28 AWG的電線，供電高達600V和20A。你可以使用它們取代配線槽、壓接端子或其他類似的接線裝置。

使用 Lever-Nuts 前只需將電線外披剝除約10mm即可，甚至不用忙著找尺量，每個 Lever-Nut 上有標出適當長度。另外還內建可連接三用電表的接孔。

——史都華・德治

XURON WICKGUN 吸焊編織條

32美元：xuron.com

焊接接點之後，吸焊編織條可以吸附且移除熔融的焊料，效果往往比吸取式的工具好。WickGun 的槍頭本身就很好用了，不過內建的刀片更是節省時間的發明，它讓使用者可以單手取出並剪除編織條，不需要費心拿尖嘴鉗、剝線鉗或刀片。

有許多高品質的吸焊編織條可供使用者替換，安裝吸錫槍頭的方式簡單容易。使用 WickGun 解焊比使用其他吸焊編織條更快，成果自然也比吸錫器好。

——SF

FADECANDY

25美元：adafruit.com

WS2812 LED有紅綠藍三種顏色和獨立控制器，是個豐富有趣的設備。設定幾個LED很容易，不過如果要設計矩陣或多列燈泡就很有挑戰性了，這時候就需要 Fadecandy，它是一個使用 USB 的控制器，有助於減輕寫程式的負擔，讓你可以更盡情揮灑創意。

有了 Fadecandy，你可以設計翻頁、閃爍等文字效果，燈泡顏色的解析度更高，LED 拼出的圖像更優質。

Fadecandy 可支援多達512個WS2812 LED燈泡（每串64個燈泡，共8串），如果你的設計規模更大，可以使用多個控制板，連接桌上型電腦、筆記型電腦，甚至 Linux 系統的 Raspberry Pi 進行操控。

——SD

PIXY相機

69美元：charmedlabs.com

PIXY是一個視頻視覺感應器，可以辨識與追蹤物體、偵測人臉和過濾顏色。PIXY是容易使用的強大圖像處理器，可與 Arduino 開發板和其他微控制器相容。

一旦PIXY發現某物體，它可以透過不同的連接埠傳輸資料，包括USB、I2C、SPI、UART序列、數位和類比輸出。資料包括物體的大小和位置，傳達頻率為每秒50次。

最重要的是，他的售價只要69美元，經濟又實惠，非常適合作為第一臺視覺感應器。

——SD

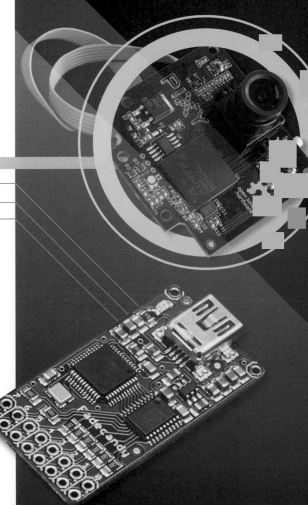

NEW MAKER TECH

JETSON TK1

192美元：developer.nvidia.com/jetson-tk1

如果你知道Nvidia公司，最先想到的可能是Nvidia為電腦遊戲所研發的圖形處理器。不過Nvidia也生產用於醫療、汽車和工業的圖形和電腦視覺硬體，現在更將觸角伸向自造者，開始研發適合自造者的產品。

自造者可能感興趣的是Nvidia最近發售的Jetson TK1開發工具組，它使用許多現代交通設備所使用的Tegra系列晶片。Jetson TK1有Tegra K1系統級晶片，其包括192 CUDA核的GPU和4核ARM Cortex A15 CPU。雖然現在這麼判斷有點言之過早，不過我認為之後大家會拿來和Linux電路板搭載使用，製作需要圖形或視覺辨識的專題。

——麥特·理查森

ARDUINO ZERO

售價未定：arduino.cc

Arduino的Zero微控制開發板外觀與Uno和Leonardo開發板相似，不過性能上有很大的差異。這塊新研發的開發板搭載32位元ARM Cortex M0+處理器，運作速度遠遠超過Arduino的8位元開發板。它還配備256KB快閃記憶體和32KB快取記憶體，大勝市面上其他開發板。

除了接收/發送針腳之外，Zero開發板所有的針腳都可作為PWM針腳。此外，它有6個類比輸入針腳，連接的類比數位轉換器從10位元升級至12位元，解析度大增。

Zero與Arduino Due（Arduino第一個ARM核微控制器板）一樣使用 3.3V，因此只可以支援使用3.3V的擴充板。Zero也是第一個支援Atmel嵌入式除錯器（EDBG）的Arduino開發板，有了他就不需要再加裝其他除錯器。

——艾拉斯岱爾·艾倫

LITTLEBITS ARDUINO模組

36美元（模組），89美元（入門套件）：
littlebits.cc

LittleBits在2014的Maker Faire Bay發表了Arduino模組，以後littleBits電子積木都可以用Arduino編寫程式了。這是以Arduino為中心的積木模組，與littleBits其他積木相容，可以用Arduino程式碼和Arduino作業環境編寫程式。

積木上的電路板具有Arduino Leonardo的輸入和輸出端。兩個輸出可切換為脈寬調變或類比電壓模式。Arduino模組可以互相連接傳輸資料，進階級的玩家也可以利用積木上的10個焊點連接更多針腳。這個模組將Arduino和littleBits成功結合在一起，現在不論是電子積木還是製作原型，都有更多選擇了。

——MR

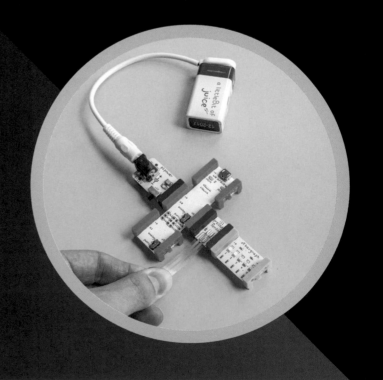

FabLife——
衍生自數位製造的「製作技術的未來」

田中浩也
300元　馥林文化

　　FabLab Japan發起人所撰寫的第一本書。作者配合個人的經驗，將因工業機械的小型化以及透過網路串聯的個人而生的新型運動「工業個人化」寫成本書。同時收錄MIT MediaLab的人氣課程「（幾乎）萬物皆可做」的體驗記錄。

　　本書介紹了MIT媒體實驗室人氣課程「（幾乎）萬物皆可做」、經驗談、介紹世界各地的FabLab活動。身為這項運動的領導者，以及擔任全球性活動聯絡人的田中浩也將告訴我們，數位製造的技術發展與活動內容究竟是什麼，也將帶領我們進入數位製造的世界。

RASPBERRY PI運算模組

每100個30美元：raspberrypi.org

　　如果你想在產品或設計中加入RASPBERRY PI，新的運算模組可能恰好符合你的需求。它的大小只有一片記憶體那麼大，但仍含有RASPBERRY PI大部分的功能，並增加內建快閃記憶體。

　　由於體積跟記憶體一樣輕巧，使用者想用RASPBERRY PI設計印刷電路板就容易多了，粗糙的DIY手機原型馬上搖身一變成為時尚的智慧手機！

—— MR

自造者空間成立指南
——動手做需要用到的工具、設備與技術一覽

亞當・坎普
380元　馥林文化

　　自造者空間對於自造者來說是非常重要的，你可以從商店買到組裝的商品，但你在商店中卻買不到自造者間的交流與合作。自造者空間就是一個提供你介於商店與個人間的最佳選擇。

　　這本書將告訴你如何規劃環境，藉此建立出一個安全又有趣的工作流程，並讓你了解如何透過此空間來指導其他人，適合所有的自造者、教育者或社群閱讀。同時也介紹該如何正確使用膠帶甚至是3D印表機、鑽床、裁縫剪刀和雷射切割機等這些自造者們常用的工具。從製作一顆檸檬電池到畢氏定理測量工具，這本就是你的指南，告訴你如何找尋、成立、規劃設備與活用工具和技術，讓每個人都可以隨著他們的自造者空間一起成為自造者。

　　想要打造一個可以用來設計與製作電子硬體、編寫程式與製作專題的分享空間嗎？跟著這本圖文並茂的書籍指南，你將會了解如何成立一個自造者空間。書中會告訴你如何找尋、成立、規劃設備與活用工具和技術，讓每個人都可以隨著自造者空間一起成為自造者。

如何製作
穿戴式電子裝置——
設計、製作、穿上自己做的互動裝置吧

凱特・哈特曼
580元　馥林文化
（預計2015年4月出版）

　　身體是我們與世界接觸的媒介，因此身上穿戴的互動式電子產品比其他產品更直接、更緊密。我們身處於一個穿戴式科技正要蓬勃發展的時代，舉手投足之間都可以看到穿戴式科技。穿戴式科技可以與手錶和眼鏡結合，記錄我們的活動，帶我們置身虛擬世界，不管是在時尚、功能，還是人與人的連結方面，穿戴式電子裝置都能夠用來設計隱密且吸引人的互動系統。

　　每個章節會有實作實驗讓你更容易瞭解這些技術，並邀請你實際動手運用這些知識來製作專題。擁有圖解步驟說明、藝術家和設計師的作品照片，這本書提供了具體的方式讓你理解電子電路和該如何運用這些技術將你的穿戴式專題從概念變成具體的作品。

國家圖書館出版品預行編目資料

Make：國際中文版／MAKER MEDIA 編．
-- 初版．臺北市：泰電電業，2015.3　冊；公分
ISBN：978-986-4050-04-8　（第16冊：平裝）
1. 生活科技
400　　　　　　　　　　　　　　　100008414

Make:®

FOUNDER & CEO
Dale Dougherty
dale@makezine.com

CFO
Todd Sotkiewicz
todd@makermedia.com

*

EDITOR-IN-CHIEF
Mark Frauenfelder
markf@makezine.com

CREATIVE DIRECTOR
Jason Babler
jbabler@makezine.com

*

EDITORIAL

EXECUTIVE EDITOR
Mike Senese
msenese@makezine.com

COMMUNITY EDITOR
Caleb Kraft
caleb@makermedia.com

MANAGING EDITOR
Cindy Lum

PROJECTS EDITOR
Keith Hammond
khammond@makezine.com

SENIOR EDITOR
Goli Mohammadi

TECHNICAL EDITORS
Sean Michael Ragan
David Scheltema

DIGITAL FABRICATION EDITOR
Anna Kaziunas France

EDITORS
Laura Cochrane
Nathan Hurst

EDITORIAL ASSISTANT
Craig Couden

COPY EDITOR
Laurie Barton

PUBLISHER, BOOKS
Brian Jepson

EDITOR, BOOKS
Patrick DiJusto

DESIGN, PHOTOGRAPHY & VIDEO

ART DIRECTOR
Juliann Brown

SENIOR DESIGNER
Pete Ivey

DESIGNER
Jim Burke

PHOTO EDITOR
Jeffrey Braverman

PHOTOGRAPHER
Gunther Kirsch

MULTIMEDIA PRODUCER
Emmanuel Mota

VIDEOGRAPHER
Nat Wilson-Heckathorn

FABRICATOR
Daniel Spangler

WEBSITE

MANAGING DIRECTOR
Alice Hill

WEB DEVELOPER
Jake Spurlock

WEB PRODUCERS
Bill Olson
David Beauchamp

國際中文版譯者

Dana：自2006年開始翻譯工作，與國衛院、工研院、農委會、Garmin等公司合作，並多次擔任國外會議隨行口譯之職務。

Madison：2010年開始兼職筆譯生涯，專長領域是自然、科普與行銷。

林品秀：經歷三年研究所及近四年OL的日本生活，目前再度回到日本定居。興趣是戲劇、閱讀、接觸新鮮的文化或事物。關注動物、女性社會定位及異種文化議題。現為自由翻譯（日文為主）與口譯者。

孟令函：畢業於師大英語系，現就讀於師大翻譯所碩士班。喜歡音樂、電影、閱讀、閒晃，也喜歡跟三隻貓室友說話。

屠建明：目前為全職譯者。身為愛丁堡大學的文學畢業生，深陷小說、戲劇的世界，但也曾主修機械，對任何科技新知都有濃烈的興趣。

張婉秦：蘇格蘭史崔克萊大學國際行銷碩士，輔大影像傳播系學士，一直在媒體與行銷界打滾，喜歡學語言，對新奇的東西毫無抵抗能力。

曾吉弘：CAVEDU教育團隊專業講師（www.cavedu.com）。著有多本機器人程式設計專書。

劉允中：臺灣人，臺灣大學心理學系研究生，興趣為語言與認知神經科學。喜歡旅行、閱讀、聽音樂、唱歌，現為兼職譯者。

謝孟璇：畢業於政大教育系、臺師大英語所。曾任教育業，受文字召喚而投身筆譯與出版相關工作。

謝明珊：臺灣大學政治系國際關係組碩士。專職翻譯雜誌、電影、電視，並樂在其中，深信人就是要做自己喜歡的事。

謝孟達：曾任報社編譯，對創造與創新的事物有興趣。讀到好文章時常有想翻譯給好友看的衝動。

Make：國際中文版16
（Make：Volume 40）

編者：MAKER MEDIA
總編輯：方政加
執行主編：黃渝婷
主編：周均健、顏妤安
編輯：謝瑩霖、劉盈孜
版面構成：陳佩娟
行銷總監：鍾珮婷
行銷企劃：洪卉君、林進韋
出版：泰電電業股份有限公司
地址：臺北市中正區博愛路76號8樓
電話：（02）2381-1180
傳真：（02）2314-3621
劃撥帳號：1942-3543 泰電電業股份有限公司
網站：http://www.makezine.com.tw
總經銷：時報文化出版企業股份有限公司
電話：（02）2306-6842
地址：桃園縣龜山鄉萬壽路2段351號
印刷：時報文化出版企業股份有限公司
ISBN：978-986-4050-04-8
2015年3月初版　定價260元

版權所有，翻印必究（Printed in Taiwan）
◎本書如有缺頁、破損、裝訂錯誤，請寄回本公司更換

Vol.17
2015/5
預定發行

www.makezine.com.tw 更新中！

下列網址提供本書之注釋、勘誤表與訂正等資訊。　makezine.com.tw/magazine-collate.html

我的熱電冷卻枕頭
My Thermoelectrically Cooled Pillow

文：維克多‧科斯因

譯：Dana

維克多‧科斯因
Victor Konshin
是一名工程師、發明家、作家、連續創業家和小玩意愛好者，他住在紐約威廉姆斯威爾（Williams ville）。

你討厭被睡熱的枕頭嗎？ 你會整晚輾轉難眠，一直把睡熱的枕頭翻面再睡嗎？我就是這樣！所以我設計這個數位枕頭，它是全世界第一個微處理器控制水冷式降溫枕，效果奇佳！

一開始我先從簡單的設計著手，我使用2個CPU冷卻器：風冷式冷卻器和水冷式冷卻器。我用Peltier半導體泵浦連接2個冷卻器，連接一個小型泵浦，再接上管子圍繞枕頭。

這個簡單的設計其實很好用，不過有一個小問題。因為枕頭內填充物的隔離，所以枕頭一開始可以維持適當溫度，但到了早晨就變得太涼。我認為解決這個問題的唯一途徑就是增加一個微控制器，重新設計我的「人機界面」——也就是枕頭本身。

最後我使用Arduino Micro、10個溫度感測器、2個超靜音風扇、以轉速控制的水流泵浦、水流量感測器和有鍵盤的液晶顯示螢幕。我也升級到製冷功率為788 BTU的231瓦特Peltier泵浦和20安培的供電電源。有人覺得只為了一個枕頭，這實在太小題大作，不過對我來說，這可是再合理不過了。

枕頭的部分我選擇內含聚脂纖維的標準枕頭，再將一個大型水墊縫到枕頭上，然後連接軟管接頭。枕頭包含6個溫度感測器，可以傳輸溫度至Arduino，藉以調節Peltier泵浦的功率，將枕頭維持在舒適的溫度。其他溫度感測器則監測泵浦和電源溫度，將風扇和泵浦速度固定於保持系統冷卻所需的最低速度。正式使用數位枕頭時要先花約6分鐘進行冷卻循環，之後就幾乎聽不到機器運作的噪音。◐

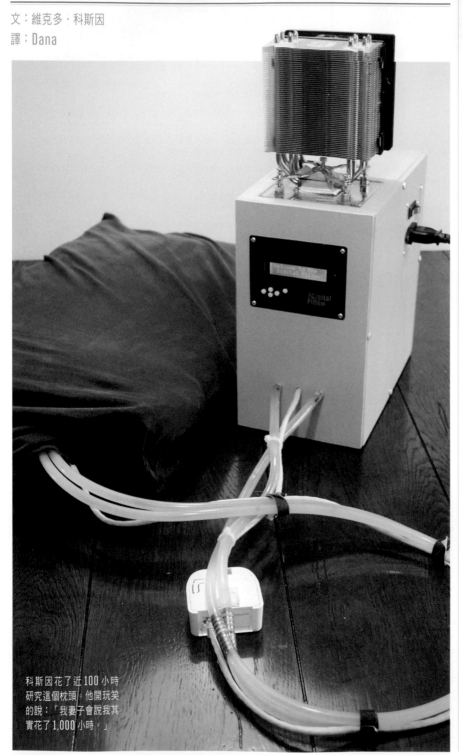

科斯因花了近100小時研究這個枕頭。他開玩笑的說：「我妻子會說我其實花了1,000小時。」

+ 更多資訊請見 thedigitalpillow.com。